U0645394

陈　钢 主编 / 高建勋　童建平 副主编

光电综合实验教程

清华大学出版社

北京

内 容 简 介

本书参照教育部高等学校大学物理课程教学指导委员会编制的《理工科类大学物理实验课程教学基本要求》(2023 年版),结合作者多年来专业实验教学的经验和成果编写而成。本书主要包括光电传感器性能测试实验、光电子与激光实验,以及基于单片机控制的数字化光电检测系统实验。光电传感器包含光敏、热敏,以及位置敏感、光纤位移等多种传感器,同时也开展了光电探测器的光谱响应和时间响应测量。光电子学实验包含声光效应、电光效应、磁光效应、偏振光等。激光实验包含 He-Ne 激光谐振腔实验、纵横模测量分析、高斯光束特性等。在固体激光中开展了半导体泵浦固体激光、调 Q、倍频等激光技术方面的实验。数字化光电检测实验结合第 1 章的光电传感器和单片机、WiFi、蓝牙、物联网等新技术,开展智能光电检测系统的设计性、研究性实验。内容与专业培养紧密联系,在全面强化学生专业技能训练的同时,满足不同层次学生的实验需求,激发学生的自主探索能力,提高学生在实践中解决实际问题的能力,培养学生的创造力和科学素养。

本书可作为普通高等学校光电信息科学与工程及相关专业本科生、专科生的实验教材,同时也可作为相关专业指导老师和工作人员的参考书。

版权所有,侵权必究。举报:010-62782989, beiqinquan@tup.tsinghua.edu.cn。

图书在版编目(CIP)数据

光电综合实验教程 / 陈钢主编. -- 北京:清华大学出版社,2025.6.
ISBN 978-7-302-69342-0

Ⅰ. TN2-33

中国国家版本馆 CIP 数据核字第 20259CG885 号

责任编辑:鲁永芳
封面设计:常雪影
责任校对:薄军霞
责任印制:刘海龙

出版发行:清华大学出版社
  网 址:https://www.tup.com.cn, https://www.wqxuetang.com
  地 址:北京清华大学学研大厦 A 座 邮 编:100084
  社 总 机:010-83470000 邮 购:010-62786544
  投稿与读者服务:010-62776969, c-service@tup.tsinghua.edu.cn
  质量反馈:010-62772015, zhiliang@tup.tsinghua.edu.cn
印 装 者:涿州市般润文化传播有限公司
经 销:全国新华书店
开 本:170mm×240mm 印 张:11 字 数:219 千字
版 次:2025 年 6 月第 1 版 印 次:2025 年 6 月第 1 次印刷
定 价:39.00 元

产品编号:095696-01

前　言

　　光电类综合实验是普通高等学校光电信息科学与工程专业和应用物理学专业非常重要的实践类课程，是深入掌握专业理论知识和加强实践动手能力的重要环节。通过一系列实践，学生可以逐步熟悉常见光电仪器的工作原理、操作规范及性能特点，掌握常见光电器件的基本原理、测量方法及其基本应用，提升学生解决实际问题的综合能力，为其未来从事科学研究、技术开发奠定基础。

　　本书主要结合光电类专业相关理论课程，依据专业实验室已经建设的实验项目，内容包括光电传感器性能测试实验、光电子学与激光实验，以及数字化光电检测系统设计。每个实验的开头均简单叙述了该实验的一些背景知识及应用场景，结合中国元素激发学生的爱国主义情怀，同时也拓宽学生的视野，将理论知识和实际应用相联系。在实验原理部分，简明扼要地介绍实验中的一些理论知识，帮助学生复习理论课程内容。实验先从基本实验示意图出发，让学生对实验有全面的认识，再具体到实验操作的一些特别需要注意的地方，最后提供一些思考题，有助于学生对实验内容开展发散性思维，能够利用该实验设备和理论开展其他创新性的实验研究。

　　光电类综合实验主要面向高年级本科生，实验仪器和实验内容更偏向应用性或科学研究方向，因此在实验过程、数据处理以及实验报告撰写环节都要尝试培养学生科学研究的方法、态度、能力。一些实验对实验报告的要求是希望学生能按照期刊论文的格式撰写，包括摘要、引言、作图软件的使用、图片格式、表格格式、参考文献等一些写作规范，这样通过一系列实验的不断练习，逐步培养学生科学研究的素养。

　　实验材料的编写离不开实验室的建设和发展，本书内容依托专业实验室 20 余年的发展积淀，经过多次实验项目的精心建设和不断完善，逐步丰富成型，凝聚了多位教师的智慧和心血。本书的编写借鉴了多位教师积累的教学心得，也吸收了学生在实验过程中提出的宝贵意见。在此，编者向所有为本书的形成作出贡献的师生致以诚挚的谢意。限于成书时间较为仓促和编者水平，书中难免存在错误和疏漏，恳请广大读者批评指正，以便进一步完善。

编　者

2024 年 12 月于浙江工业大学

目 录

第1章
光电传感器特性及应用

实验 1.1　光敏电阻特性测量

现代传感器由半导体、电介质、磁性材料等固体元件组成,利用光电效应、热电效应、霍尔效应、光敏效应等原理,可制成光电晶体管、光电池、热电偶、霍尔传感器、光敏电阻等多种传感器。

光电式传感器是以光电器件作为转换元件的传感器。它可用于检测直接引起光量变化的非电物理量,如光强、光照度、辐射温度、气体成分等;也可用来检测能转换成光量变化的其他非电物理量,如零件直径、表面粗糙度、应变、位移、振动、速度、加速度以及对物体的形状、工作状态的识别等。光电式传感器具有非接触、响应快、性能可靠等特点,在科研、工业控制、医疗检测、机器人、智能控制、物联网等领域都有广泛应用。

光敏电阻作为光开关器件,在自动控制和红外探测等设备中广泛应用,在集成电路光耦隔离器件中扮演着重要角色,起到了对控制信号和大功率信号的有效隔离,保证电路的安全。本实验通过测量光敏电阻的光电特性,全面、细致、定量地了解和认识光敏电阻的特性。

【实验目的】

(1) 了解光敏电阻的原理及其工作特性。
(2) 测量光敏电阻的光电特性。
(3) 测量光敏电阻的伏安特性。
(4) 测量光敏电阻的光谱响应。

【实验原理】

1. 光敏电阻的结构

光敏电阻是用硫化镉、硒化镉、硫化铅或硒化铅等半导体材料制成的特殊电阻器,具有光电导效应,其半导体材料表面涂有防潮树脂。光敏电阻的工作原理是基于内光电效应,为了增加灵敏度,半导体光敏材料常做成梳状,两端装上电极引线,将其封装在带有透明窗的管壳里。光敏电阻对光线十分敏感,其在无光照时,呈高阻状态,暗电阻一般可达 $1.5\mathrm{M}\Omega$;当有光照时,材料中激发出自由电子和空穴,其电阻值减小,随着光照强度的升高,电阻值迅速降低,亮电阻值可小至 $1\mathrm{k}\Omega$ 以下。

光敏电阻的光照特性在大多数情况下是非线性的,只有在较小的范围内呈线性,光敏电阻的电阻值有较大的离散性(相同光照条件下,电阻变化值不同)。最简单的光敏电阻的结构和符号如图 1.1.1 所示,由一块涂在绝缘基底上的光电导体薄膜和两个电极构成。

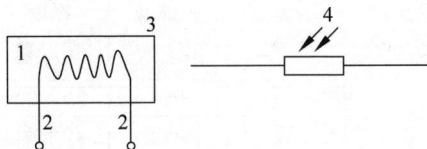

1—光电导体薄膜；2—电极；3—绝缘基底；4—电路符号。

图 1.1.1　光敏电阻结构示意图及其符号

2. 光敏电阻的基本原理

根据平衡状态下的半导体电导率公式，设无光照时，本征半导体的电导率为 σ_0，则光敏电阻的暗电流为

$$I_d = \frac{V\sigma_0 A}{L} = \frac{qAV(n_0\mu_n + p_0\mu_p)}{L} \tag{1.1.1}$$

其中，L 为光电导体长度；A 为光电导体横截面面积。

在光辐射作用下，假定每单位时间产生 N 个电子-空穴对，它们的寿命分别为 τ_n 和 τ_p，那么由光辐射激发而增加的电子和空穴浓度分别为

$$\begin{cases} \Delta n = \dfrac{N \cdot \tau_n}{A \cdot L} \\[2mm] \Delta p = \dfrac{N \cdot \tau_p}{A \cdot L} \end{cases} \tag{1.1.2}$$

于是，材料的电导率增加了 $\Delta\sigma$，$\Delta\sigma = q(\Delta n\mu_n + \Delta p\mu_p)$，称为光电导率。由光电导率 $\Delta\sigma$ 引起的光电流为

$$I_p = \frac{V \cdot \Delta\sigma \cdot A}{L} = \frac{qAV(\Delta n\mu_n + \Delta p\mu_p)}{L} = \frac{q \cdot N \cdot V}{L^2}(\tau_n\mu_n + \tau_p\mu_p) \tag{1.1.3}$$

由于光敏电阻的光电流 I_p 与 L 的平方成反比，因此在设计光敏电阻时应设法减小 L。

3. 光敏电阻的工作特性

光敏电阻的主要特性包括光电特性、伏安特性以及光谱特性。

光电特性：光敏电阻无光照时暗电阻较大，为兆欧级，有光照时亮电阻会随光照强弱而改变，一般为千欧级，照度和电阻变化一般呈非线性关系，响应时间在毫秒级，属慢响应器件。表 1.1.1 列出了几种常见光敏电阻的型号和参数对比。

表 1.1.1　不同型号光敏电阻规格参数

型号	最大电压 V_{DC}/V	最大功耗/mW	环境温度/℃	光谱峰值/nm	亮电阻/kΩ	暗电阻/MΩ	响应时间/ms 上升	响应时间/ms 下降
5506	150	100	25	540	2~5	0.2	20	30
5516	150	100	25	540	5~10	0.5	20	30

续表

型号	最大电压 V_{DC}/V	最大功耗/mW	环境温度/℃	光谱峰值/nm	亮电阻/kΩ	暗电阻/MΩ	响应时间/ms 上升	响应时间/ms 下降
5528	150	100	25	540	10～20	1	20	30
5537	150	100	25	540	20～30	2	20	30
5537-2	150	100	25	540	30～50	3	20	30
5539	150	100	25	540	30～40	5	20	30
5549	150	100	25	540	40～120	10	20	30

伏安特性：光敏电阻的阻值与照度的变化一般呈非线性关系，但在一定范围也可近似呈线性关系，实验时可加以区分。

光谱特性：光敏电阻对光波长不是很敏感，但也有可见光、红外光等大范围波长的区分，如图 1.1.2 所示。

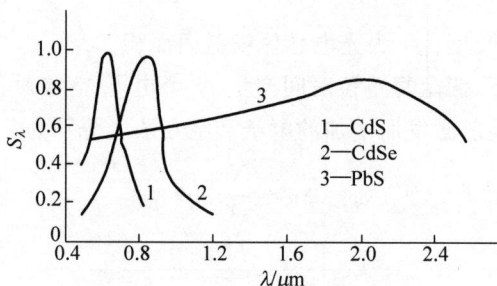

图 1.1.2 不同光敏电阻光谱响应

【实验仪器】

光电传感器实验平台、安装架、发光二极管（LED）光源、光敏电阻探头、光照度计及探头、分光装置。

【实验内容】

1. 光敏电阻的光电特性

光敏电阻光电特性测量电路图如图 1.1.3 所示，电阻 R 和光敏电阻组成串联电路。由于光敏电阻的阻值远大于电流表内阻，测量伏安特性时采用内接法。

（1）连接照度计。将照度计探头与主机面板上的照度计显示表的 v_i 端口相连接，照度计探头的黄色插头连接照度计的 v_i，照度计探头的黑色插头连接电源负极（GND），照度计探头的红色插头连接 +5V，照度计表的负极与电源的负极连接。

（2）"光敏电阻单元"如图 1.1.4 所示接线。光敏电阻、保护电阻 R 及电流表三者串联接入电路中。

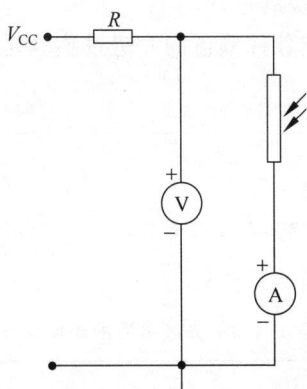

图 1.1.3　光敏电阻光电(伏安)特性测量电路图

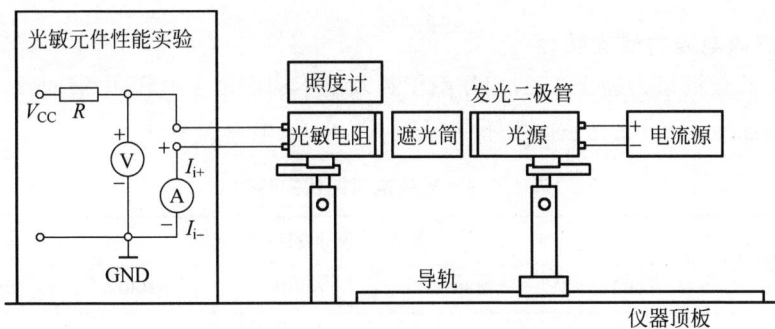

图 1.1.4　光敏电阻特性实验接线图

（3）实验中，光敏电阻的工作电压为 5V。光敏电阻的光电流随光照强度变化而变化，它们之间是非线性的。改变光源供电电流大小，测量不同的光照度(将照度计与光敏电阻两个探头交替使用)下的电流。

（4）画出光照度-电流曲线，并拟合数据，获得该光敏电阻的照度-电流关系式。

2. 光敏电阻的伏安特性

（1）按照如图 1.1.4 所示接线，确认接线正确。

（2）调节光照度为 100lx，改变光敏电阻的工作电压，即电压表读数。测量在不同的电压下，流经光敏电阻的电流。

（3）分别调节光照度为 200lx 和 400lx，重复实验步骤(2)。

（4）在同一幅图中画出不同照度下电压-电流关系曲线，并分别拟合每条曲线，获得该光敏电阻不同照度下的电压-电流关系式。

3. 光敏电阻的光谱特性

（1）按如图 1.1.4 所示接线，设置光敏电阻工作电压为 5V，发光二极管的电流调节到最大值。

（2）在光敏电阻前端安装滤色片。

（3）转动蜗杆,测量对应各种颜色的光透过狭缝时的电流。

【数据与结果】

1. 光敏电阻的光电特性

将实验数据填入表1.1.2,用作图工具画出照度-电流关系曲线,并拟合数据,获得该光敏电阻的照度-电流关系式。

表 1.1.2　光敏电阻的光电特性

照度/lx	50	100	150	200	...	500
电流/mA						

2. 光敏电阻的伏安特性

将实验数据填入表1.1.3,用作图工具画出不同照度下电压-电流曲线,并分别拟合每条曲线,获得该光敏电阻不同照度下的电压-电流关系式。

表 1.1.3　光敏电阻的伏安特性

电压/电流	不同照度下的电流/mA				
	1000lx	800lx	600lx	400lx	200lx
0.0					
0.5					
1.0					
⋮					
5.0					

3. 光敏电阻的光谱特性

将实验数据填入表1.1.4,用作图软件画出波长-电流曲线并加以讨论。

表 1.1.4　光敏电阻的光谱特性

波长/nm	400	470	510	560	600	660
电流/mA						

【思考题】

在对光敏电阻进行测量的过程中,如果被测量的光敏电阻突然出现故障,能否直接更换一个新的光敏电阻接着进行实验? 请阐述理由。

实验 1.2　光敏二极管特性测量

pn 结型光电二极管在光电耦合元件以及光电倍增管等器件中有着广泛应用。它能够把接收的光信号转换为相应的模拟电信号输出,或者在数字电路的不同状态间切换,如控制开关、数字信号处理。

光电二极管常用来精确测量光强,因为它比其他光导材料具有更好的线性。光电二极管常和发光二极管合并在一起组成光电对管,实现对机械元件运动情况的非接触测量。光电二极管还在模拟电路以及数字电路之间充当中介,将两段电路通过光信号耦合,提高电路的安全性。

pn 结型光电二极管一般不用于测量弱光信号。弱光情况下需要用到高灵敏度探测器,此时用 pin 结构的雪崩光电二极管或者光电倍增管能更好地发挥作用,如用于天文学、光谱学、夜视设备、激光测距仪等产品。

【实验目的】

(1) 了解光敏二极管的原理及其工作特性。
(2) 测量光敏二极管的光电特性。
(3) 测量光敏二极管的伏安特性。
(4) 测量光敏二极管的光谱响应。

【实验原理】

1. 光敏二极管的结构

光敏二极管是一种光生伏特器件,其与半导体二极管在结构上类似,如图 1.2.1 所示。用高阻 p/n 型硅作为基片,然后在基片表面进行掺杂形成 pn 结。扩散层一般很浅,约 $1\mu m$,而空间电荷区(即耗尽层)较宽,保证大部分光子入射到耗尽层内。

光敏二极管是电子电路中广泛采用的光敏器件。光敏二极管和普通二极管一样有一个 pn 结,具有单向导电性;不同之处是在光敏二极管的外壳上有一个透明的窗口以接收光线照射,通常反向运用,实现光电转换,在电路图中符号一般为 VD。

2. 光敏二极管的基本原理

光敏二极管一般在反向电压作用下工作,在无光辐射的情况下,硅光电二极管的伏安特性与普通 pn 结的伏安特性一样,反向电流很小(一般小于 $0.1\mu A$),称为暗电流,其电流方程为

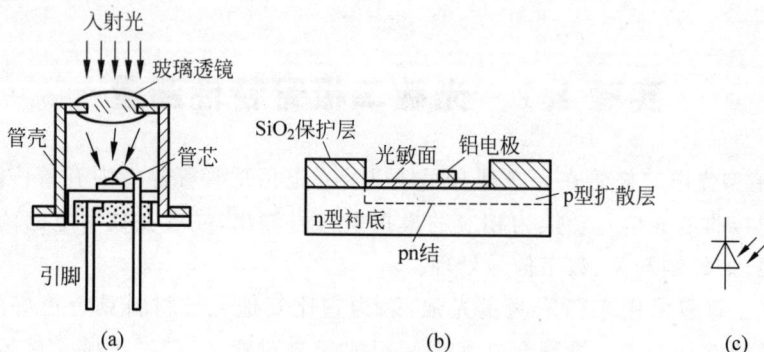

图 1.2.1　光敏二极管结构图

（a）光敏管构造；（b）管芯构造；（c）电路符号

$$I = I_D e^{\frac{qV}{kT}-1} \tag{1.2.1}$$

式中，I_D 为硅光电二极管反向饱和电流；V 为加在硅光电二极管两端的电压；T 为器件的热力学温度；k 为玻耳兹曼常量；q 为电子电荷量。

当硅光电二极管有光照时，携带能量的光子进入 pn 结，从而产生电子-空穴对，称为光生载流子。它们在反向电压作用下参与漂移运动，使反向电流明显变大。光的强度越大，反向电流也越大，这种特性称为光电导效应。光敏二极管在一般照度的光线照射下，所产生的电流叫作光电流，其表达式为

$$I_P = \frac{\eta q}{h\nu}(1 - e^{-ad})\varPhi_e(\lambda) \tag{1.2.2}$$

其方向与其极性方向相同。这样，光电二极管的全电流为

$$I = I_D e^{\frac{qV}{kT}-1} - \frac{\eta q \lambda}{hc}(1 - e^{-ad})\varPhi_e(\lambda) \tag{1.2.3}$$

如果在外电路上接上负载，负载上就获得了电信号，而且这个电信号随着光的变化而相应变化。

3. 光敏二极管的工作特性

光敏二极管的主要特性包括光电特性、伏安特性以及光谱特性。

光电特性：由于光敏二极管的光电特性曲线的线性较好，因此在小负载电阻下，其光电流与照度基本呈线性关系，如图 1.2.2 所示。

伏安特性：当光敏二极管的反向偏压较低时，由于反向偏压加大了耗尽层的宽度和电压强度，光电流随电压变化比较敏感。随着反向偏压的增加，对载流子的收集到达极限，这时光生电流与所加偏压几乎无关，只取决于光照强度，如图 1.2.3 所示。

光谱特性：光敏二极管对入射光的响应存在一个峰值波长，此时光敏二极管的灵敏度最高。当入射光的波长增加或减小时，相对灵敏度下降，如图 1.2.4 所示。

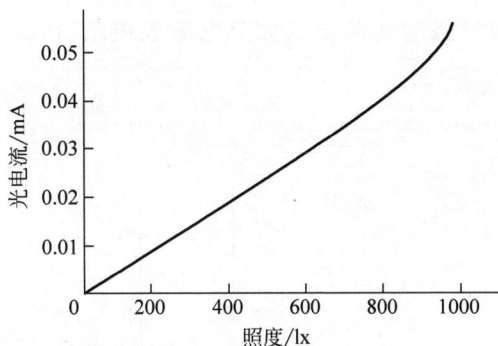

图 1.2.2 光敏二极管的光电特性图

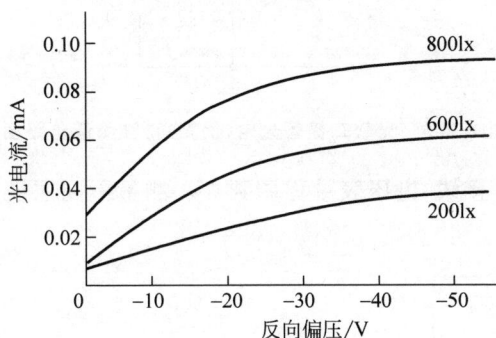

图 1.2.3 光敏二极管的伏安特性图

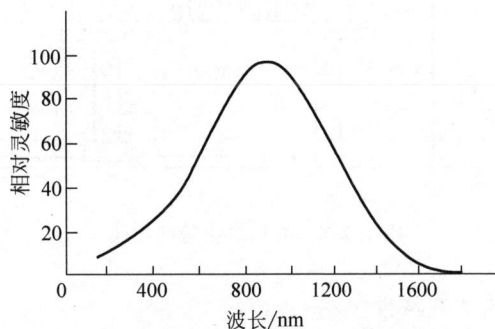

图 1.2.4 光敏二极管的光谱特性图

【实验仪器】

光电传感器实验平台、安装架、光敏二极管探头、发光二极管、光照度计探头、分光装置、电压表、电流表。

【实验内容】

1. 光敏二极管的光电特性

光敏二极管光电特性测量电路图如图 1.2.5 所示,电阻 R 和光敏二极管组成串联电路。由于光敏二极管的阻值远大于电流表内阻,因此实验采用电流表内接法。

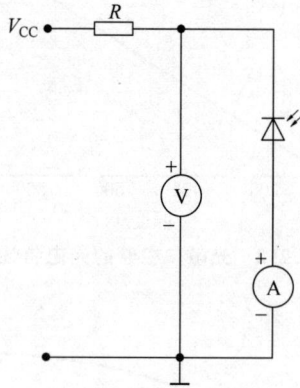

图 1.2.5 光敏二极管光电(伏安)特性测量电路图

如图 1.2.6 所示接线,电压表量程调到 5V,测量不同照度下流经光敏二极管的电流。

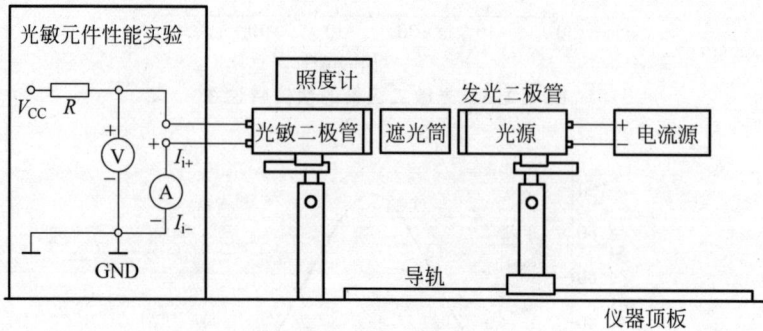

图 1.2.6 光敏二极管接线图

2. 光敏二极管的伏安特性

照度分别为 1000lx、750lx、500lx、250lx,测量光敏二极管的伏安特性曲线。

3. 光敏二极管的光谱特性

在光敏二极管前端安装滤色片,转动蜗杆,测量对应各种颜色的光透过狭缝时的电流。

【数据与结果】

1. 光敏二极管的光电特性

将实验数据填入表 1.2.1,用作图工具画出照度-电流关系曲线,并进行拟合,得出拟合曲线公式。

表 1.2.1 光敏二极管的光电特性

照度/lx	0	100	200	300	400	500	...	1500
电流/mA								

2. 光敏二极管的伏安特性

将实验数据填入表 1.2.2,用作图工具在同一幅图中画出不同照度下的电压-电流关系曲线,并分别拟合每条曲线,获得不同照度下的电压-电流关系式。

表 1.2.2 光敏二极管的伏安特性

反向偏压/V	不同照度下对应的电流/mA			
	1000lx	750lx	500lx	250lx
0.0				
0.5				
1.0				
⋮				
10				

3. 光敏二极管的光谱特性

将实验数据填入表 1.2.3,用作图工具画出波长-电流关系曲线并加以讨论。

表 1.2.3 光敏二极管的光谱特性

波长/nm	400	470	510	560	600	660
电流/mA						

【思考题】

在实验中我们发现,当光照度超过 1000lx 时,光敏二极管的电流不再与光照度符合线性关系,请简单阐述理由。

实验 1.3　光敏三极管特性测量

光敏三极管是一种 pn 结型半导体元件,当光照射到 pn 结上时,半导体内电子受到激发,产生电子-空穴对,在电场作用下产生电势,将光信号转换成电信号。它广泛应用于各种遥控系统、光电开关、光探测器,以及光电转换的各种自动控制仪器、触发器、光电耦合、编码器、过程控制、激光接收等方面。在光机电一体化时代,它成为必不可少的传感元件。

【实验目的】

(1) 了解光敏三极管的原理及工作特性。
(2) 测量光敏三极管的光电特性。
(3) 测量光敏三极管的伏安特性。
(4) 测量光敏三极管的光谱响应。

【实验原理】

1. 光敏三极管的结构

光敏三极管(图 1.3.1)是一种基于光生伏特效应的半导体器件。它用高阻 p/n 型硅作为基片,然后在基片表面进行掺杂形成 pn 结。扩散层很浅,约 $1\mu m$,而空间电荷区(即耗尽层)较宽,保证了大部分光子入射到耗尽层内。光子入射到耗尽层内被吸收而激发电子-空穴对,电子-空穴对在外加反向偏压 V_{CB} 的作用下,空穴流向正极,形成了三极管的反向电流,即光电流。光电流通过外加负载电阻 R_L 后产生电压信号输出。

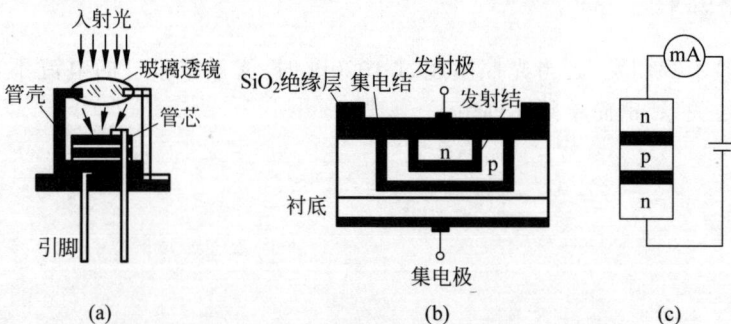

图 1.3.1　光敏三极管的结构

(a) 内部组成图;(b) 管芯结构;(c) 结构简化图

2. 光敏三极管的基本原理

光敏三极管的工作原理分为两部分:一是光电转换,二是光电流放大。工作时,电极所加的电压与普通晶体管相同,即需要保证集电极反偏,发射极正偏,使之处于放大导通状态。光电转换过程在集-基 pn 结区内进行,与一般光电二极管相同。光敏三极管与普通三极管相似,也有电流放大作用,只是它的集电极电流不只是受基极电路和电流控制,同时也受光辐射控制。

当具有光敏特性的 pn 结受到光辐射时,形成光电流,此时集电极输出的电流为

$$I_c = \beta I_b = \beta I_p = \beta \frac{\eta q}{h\nu}(1 - e^{-ad})\Phi_e(\lambda) \tag{1.3.1}$$

由此产生的光生电流由基极进入发射极,从而在集电极回路中得到一个放大了相当于 β 倍的电流信号。不同材料制成的光敏三极管具有不同的光谱特性。与光敏二极管相比,光敏三极管具有很大的光电流放大作用,即很高的灵敏度。

3. 光敏三极管的工作特性

1) 伏安特性与光电特性

如图 1.3.2 所示为硅光敏三极管在不同光照下的伏安特性曲线。从特征曲线可以看出,光敏三极管在偏置电压为零时,无论光照度有多强,集电极的电流都为零,这说明光敏三极管必须在一定的反向偏压作用下才能工作。

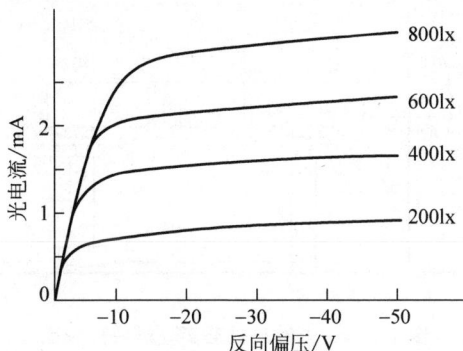

图 1.3.2　硅光敏三极管伏安特性曲线

2) 光谱响应

光敏三极管与光敏二极管具有相同的光谱响应。典型的硅光敏三极管的光谱响应范围为 $0.4 \sim 1.0\mu m$,峰值波长为 $0.85\mu m$。

【实验仪器】

直流稳压电源、光敏三极管、光敏三极管实验模块、电压表、电流表。

【实验内容】

1. 光敏三极管的光电特性

光敏三极管光电特性测量电路图如图 1.3.3 所示,电阻 R 为光敏三极管集电

极限流电阻。由于光敏三极管导通时的输出电阻远大于电流表内阻,因此在实验时采用电流表内接法。

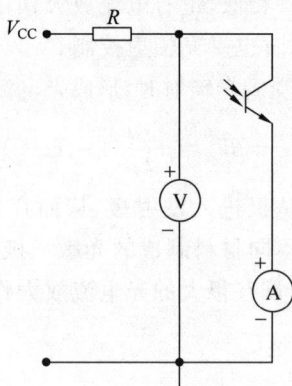

图 1.3.3 光敏三极管光电(伏安)特性测量电路图

按如图 1.3.4 所示接线。

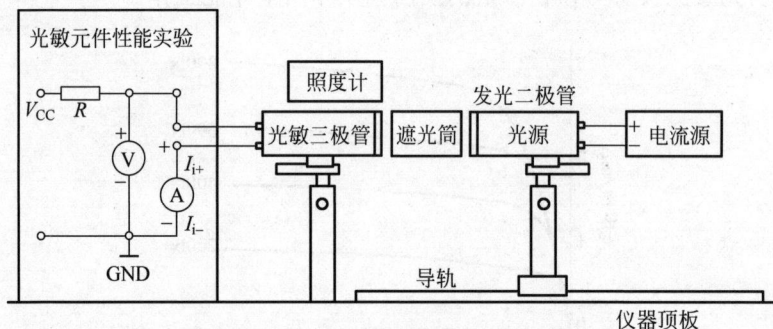

图 1.3.4 光敏三极管实验模块接线图

(1) 关闭光强开关,调节偏压为 5V,测量暗电流;然后打开光强开关,测量不同光强时流经光敏三极管的电流。

(2) 画出照度-电流关系曲线。

2. 光敏三极管的伏安特性

(1) 调节电流源,用照度计测量光强,使光强为 1000lx 左右。

(2) 依次测量偏压为不同值时的电流。

(3) 调节电流源,测量在不同光强条件下偏压不同时的电流。

(4) 画出偏压-电流关系曲线,并比较不同光强下曲线的不同。

3. 光敏三极管的光谱特性

(1) 按如图 1.3.4 所示接线,光敏三极管工作电压设置为 5V。

(2) 在光敏三极管前端安装滤色片。

（3）转动蜗杆,测量对应各种颜色的光透过狭缝时的电流。

（4）画出波长-电流关系曲线。

【数据与结果】

1. 光敏三极管的光电特性

将实验数据填入表 1.3.1,根据光敏三极管的光电特性,用作图工具画出光敏三极管的光电特性曲线,并通过拟合获得光电特性曲线公式。

表 1.3.1　光敏三极管的光电特性

三极管的偏压：_____ V

照度/lx	0	100	200	300	400	500	...	1000
电流/mA								

2. 光敏三极管的伏安特性

将实验数据填入表 1.3.2,根据光敏三极管的伏安特性,用作图工具画出光敏三极管的伏安特性曲线,并讨论该曲线的物理意义。

表 1.3.2　光敏三极管的伏安特性

电压/V	不同照度下对应的电流/mA				
	1000lx	800lx	600lx	400lx	200lx
0.0					
0.5					
1.0					
⋮					
5.0					

3. 光敏三极管的光谱特性

将实验数据填入表 1.3.3,用作图工具画出波长-电流关系曲线并加以讨论。

表 1.3.3　光敏三极管的光谱特性

波长/nm	400	470	510	560	600	660
电流/mA						

【思考题】

光敏三极管应用于照明控制,为了适应不同的工作场景,设计应用电路时应如何考虑?

实验 1.4　光电池特性测量

光电池是一种不需要加偏压就能把光能直接转换成电能的 pn 结光电器件。按光电池的用途,可分为太阳能光电池和测量光电池两大类。

太阳能光电池主要用于向负载提供电源,对它的要求主要是转换效率高、成本低。由于它具有体积小、质量轻、可靠性高、寿命长等特点,因而不仅成为航天工业上的重要电源部件,还被广泛应用于供电困难的场所和人们的日常便携电器中。

光电探测是光电池的主要功能,即在不加偏置的情况下将光信号转换成电信号。对它的要求是线性范围宽、灵敏度高、光谱响应合适、稳定性好、寿命长,它被广泛应用在光度、色度、光学精密计量和测试设备中。

光电池的基本结构就是一个 pn 结,由于制作 pn 结的材料不同,目前有硒光电池、硅光电池、砷化镓光电池、锗光电池等。本实验采用硅光电池,通过测量硅光电池的特性,了解硅光电池的结构、工作原理及其特性参数。

【实验目的】

(1) 了解光电池的原理及其工作特性。

(2) 测量光电池的光电特性。

(3) 测量光电池的光谱特性。

【实验原理】

1. 光电池的结构

光电池(图 1.4.1)是一种特殊的半导体二极管,能将可见光转化为直流电。有的光电池还可以将红外线和紫外线转化为直流电。最早的光电池是用掺杂的氧化硅制作的,掺杂的目的是影响电子或空穴的行为。有两种基本类型的半导体材料,分别为正电型(或 p 型态)和负电型(或 n 型态)。在一个光电池中,这些材料的薄片被一起放置,而且它们之间的实际交界称为 pn 结。通过这种结构方式,pn 结暴露于可见光、红外线或紫外线下,当射线照射到 pn 结时,在 pn 结的两侧产生电压,这样连接到 p 型材料和 n 型材料上的电极之间就会有电流通过。

2. 光电池的基本原理

光伏发电是利用半导体 pn 结的光生伏特效应将光能直接转变为电能的一种技术。其过程是:当 pn 结受光照时,材料对光子的本征吸收和非本征吸收都将产生光生载流子。但能引起光伏效应的只能是本征吸收所激发的少数载流子。因 p 区产生的光生空穴和 n 区产生的光生电子属多子,都被势垒阻挡而不能过结。只有 p 区的光生电子和 n 区的光生空穴以及结区的电子-空穴对(少子)扩散到结电

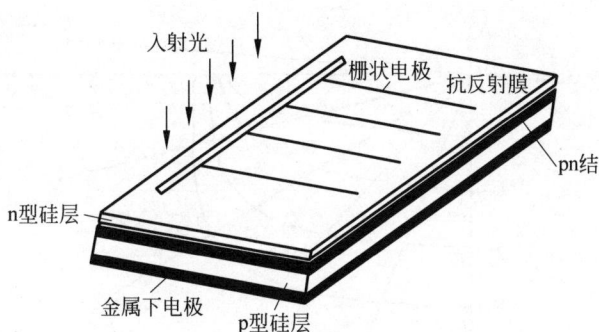

图 1.4.1　光电池结构图

场附近时，能在内建电场作用下漂移过结。光生电子被拉向 n 区，光生空穴被拉向
p 区，即电子-空穴对被内建电场分离。这导致在 n 区边界附近有光生电子积累，在
p 区边界附近有光生空穴积累。它们产生一个与热平衡 pn 结的内建电场方向相
反的光生电场，其方向由 p 区指向 n 区。此电场使势垒降低，其减小量即光生电势
差，p 端正，n 端负。于是有结电流由 p 区流向 n 区，其方向与光电流相反。如果这
时分别在 p 型层和 n 型层焊上金属导线，接通负载，则外电路便有电流通过，如此
形成的一个电池元件，把它们串联或并联起来，就能产生一定的电压和电流，输出
功率。硅光电池的电流方程为

$$I_L = I_P - I_D = I_P - I_0(e^{qV/kT} - 1) \qquad (1.4.1)$$

式中，I_D 为流过 pn 结的正向电流；I_0 为 pn 结反向饱和电流；光电池的输出电流
I_L 包括光生电流 I_P、扩散电流与暗电流等三部分。

3．光电池的工作特性

1）光照特性

光电池的光照特性主要有伏安特性、照度-电流电压特性和照度-负载特性。

伏安特性曲线是指在某一光照度下，取不同的负载电阻所测得的输出电流和
电压画成的曲线。图 1.4.2 是硅光电池的伏安特性曲线。

硅光电池的电流方程为

$$I_L = I_P - I_D = I_P - I_0(e^{\frac{qV}{kT}} - 1) = S_E E - I_0(e^{\frac{qV}{kT}} - 1) \qquad (1.4.2)$$

当 $E = 0$ 时，

$$I_L = -I_0(e^{\frac{qV}{kT}} - 1) = -I_D \qquad (1.4.3)$$

当 $I_L = 0$ 时，$R_L \to \infty$（开路）。此时，曲线与电压轴交点的电压通常称为光电池开
路时两端的开路电压，以 V_{OC} 表示。当 $I_P \gg I_0$ 时

$$V_{OC} \approx (kT/q)\ln(I_P/I_0) \qquad (1.4.4)$$

当 $R_L = 0$（即特性曲线与电流轴的交点）时所得到的电流称为光电池的短路电流，
以 I_{SC} 表示

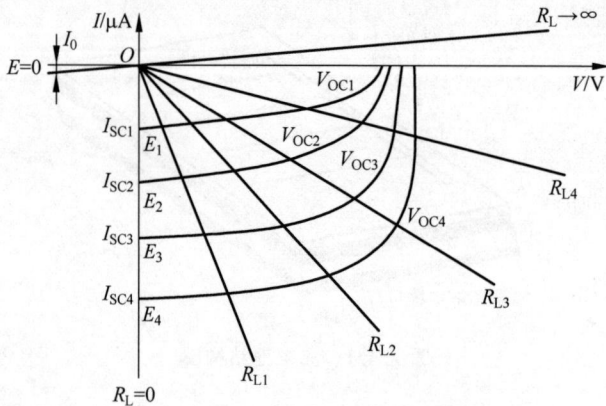

图 1.4.2　硅光电池伏安特性曲线

$$I_{SC} = I_P = S_E \cdot E \tag{1.4.5}$$

其中，S_E 为光电池的光电灵敏度(光电响应度)；E 为入射光照度。

2)光谱响应特性

硅光电池的光谱响应特性一般表示在入射光能量保持一定的条件下，光电池所产生的短路电流与入射光波长之间的关系。一般用相对响应表示，器件的长波限取决于材料的禁带宽度 E_g，短波则受材料表面反射损失的限制，其峰值不仅与材料相关，而且随制造工艺及使用环境温度的不同而有所不同。一般地，硅光电池的响应范围为 $0.4 \sim 1.1\mu m$，峰值波长为 $0.8 \sim 0.9\mu m$。

【实验仪器】

光电传感器实验台、光电池、光电池实验模块、电压表、电流表。

【实验内容】

将光电池按光电池实验模块安装在光电传感器实验台上，如图 1.4.3 所示。

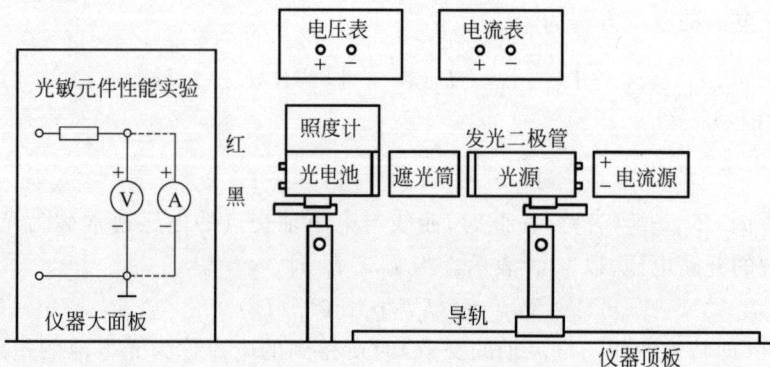

图 1.4.3　光电池实验接线图

1. 光电池的光照特性

（1）开启光强开关，调节电流源，测量在不同光强的照射下，光电池的负载为零时的电流变化情况（短路电流），即只有光电池的内阻存在时电路中的电流。

（2）重新调节光强，测量在不同光强的照射下，光电池在开路时的电压变化情况（开路电压），即无负载情况下光电池的光生伏特电压与光强之间的关系（注意，此时电流表不应接入电路，否则将会使光电池短路）。

2. 光电池的光谱特性

（1）在光电池前端安装滤色片。

（2）转动蜗杆，测量对应各种颜色的光透过狭缝时通过光电池的电流。

【数据与结果】

1. 光电池的光照特性实验

将实验数据填入表 1.4.1，根据表中数据，画出光电池的光强-电流/电压关系曲线，并讨论其物理意义。

表 1.4.1　光电池的光电特性

光强/lx	0	100	200	300	400	500	…	1000
短路电流/mA								
开路电压/mV								

2. 光电池的光谱特性

将实验数据填入表 1.4.2，作出波长-电流关系曲线并加以讨论。

表 1.4.2　光电池的光谱特性

波长/nm	400	470	510	560	600	660
电流/mA						

【思考题】

实验中，当我们把入射光的光强调至最小时，光电池仍有一定的电压输出，请结合生活实际情况阐述这个现象的原因。

实验1.5　热释电红外传感器特性测量

压电陶瓷类电介质在电极化后能保持极化状态,称为自发极化。自发极化强度随温度升高而减小,在居里点温度降为零。因此,当这种材料受到红外辐射而温度升高时,由于热膨胀,表面电荷将减少,相当于释放了一部分电荷,故称为热释电。

热释电传感器又称为人体红外传感器,被广泛应用于防盗报警、来客告知及非接触开关等红外领域。它能检测人或某些动物发射的红外线并转换成电信号输出。早在1938年,就有人提出利用热释电效应探测红外辐射,但并未受到重视。直到20世纪60年代,随着激光、红外技术的迅速发展,才又推动了对热释电效应的研究和对热释电晶体的应用开发。近年来,伴随着集成电路技术的飞速发展,以及对该传感器的特性的深入研究,相关的专用集成电路处理技术也迅速增长。

【实验目的】

(1) 了解热释电传感器的工作原理及其工作特性。

(2) 掌握热释电效应及其应用范围。

【实验原理】

1. 热释电传感器的结构

热释电传感器(图1.5.1)主要是由一种高热电系数的材料(如锆钛酸铅系陶瓷、钽酸锂、硫酸三甘钛等)制成的尺寸为 $2mm \times 1mm$ 的探测元件。在每个探测器内装入一个或两个探测元,并将两个探测元极性串联,以抑制由自身温度升高而产生的干扰。为了提高探测器的探测灵敏度以增大探测距离,一般在探测器的前方装设一个菲涅耳(Fresnel)透镜,该透镜用透明塑料制成,即将透镜的上、下两部分各分成若干等份,制成一种具有特殊光学系统的透镜。

由于电极化产生的电压是有极性的,因此极化后的探测元也是有正、负极性的。将两个极性相反、特性一致的探测元串接在一起,利用两个极性相反、大小相等的干扰信号在内部相互抵消的原理来使传感器得到补偿,即可消除由环境和自身变化引起的干扰。对于辐射至传感器的红外辐射,热释电传感器通过安装在传感器前面的菲涅耳透镜将光线汇聚后加至两个探测元上,从而使传感器输出电压信号。制造热释电红外探测元的高热电材料是一种广谱材料,它的探测波长范围为 $0.2 \sim 20\mu m$。为了对某一波长范围的红外辐射有较高的灵敏度,该传感器在窗口上加装了一块干涉滤波片。这种滤波片除允许某些波长范围的红外辐射通过,还能将灯光、阳光和其他红外辐射拒之门外。

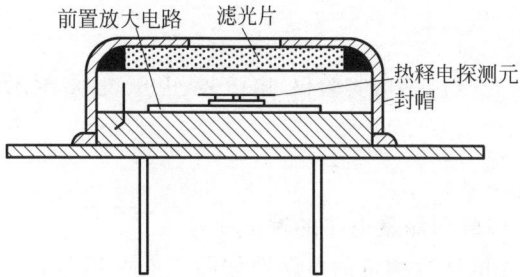

图 1.5.1 热释电传感器的结构

由探测元将探测并接收到的红外辐射转变成微弱的电压信号,经装在探头内的场效应管放大后向外输出,它和放大电路相配合,可将信号放大 70dB 以上。

菲涅耳透镜利用透镜的特殊光学原理,在探测器前方形成一个交替变化的"盲区"和"高灵敏区",以提高它的探测接收灵敏度。当有人从透镜前走过时,人体发出的红外线就不断地交替从"盲区"进入"高灵敏区",这样就使接收到的红外信号以忽强忽弱的脉冲形式输入,从而增强其能量幅度。

人体辐射的红外线中心波长为 $9 \sim 10 \mu m$,而探测元件的波长灵敏度在 $0.2 \sim 20 \mu m$ 范围内几乎稳定不变。在传感器顶端开设了一个装有滤光镜片的窗口,这个滤光片可通过光的波长范围为 $7 \sim 10 \mu m$,正好适合于对人体红外辐射的探测,而其他波长的红外线由滤光片反射或吸收,这样便形成了一种专门用作探测人体辐射的红外线传感器。

2. 热释电传感器的基本原理

热释电传感器是一个交流响应器件,它的短路电流为

$$i = A\beta \left| \frac{\mathrm{d}T}{\mathrm{d}t} \right| \tag{1.5.1}$$

其中,A 为热电晶体极板面积;β 为热电系数。热释电效应产生的电流正比于温度的变化率。

假定热能探测器能响应为 $P(t)$,即

$$P(t) = P \mathrm{e}^{\mathrm{j}\omega t}$$

$$\Delta T = \Delta \tilde{T} \mathrm{e}^{\mathrm{j}\omega t} \tag{1.5.2}$$

可得

$$\left| \frac{\mathrm{d}T}{\mathrm{d}t} \right| = \frac{\alpha \omega P}{G_T \sqrt{1 + (\omega \tau_H)^2}}$$

因此,式(1.5.1)的短路电流为

$$i = \frac{A\beta \alpha \omega P}{G_T \sqrt{1 + (\omega \tau_H)^2}} \tag{1.5.3}$$

【实验仪器】

热释电传感器、光电传感器实验仪、电流表、电压表、双踪示波器。

【实验内容】

1. 观察热释电传感器测量电路的输出信号

热释电传感器光电特性测量的电路图如图 1.5.2 所示，D、S 和 E 为热释电传感器的三个电极，D 端接地，E 端接 V_{CC}。热释电探头的信号经 S 端输入放大电路，经 U_1、U_2、U_3 组成的三级放大器放大。第一级放大后，U_{2+} 与 V_C 进行比较，如果放大后的信号值大于 V_C，则 D_1 灯亮，D_1 灯的亮度取决于输入信号的强度。

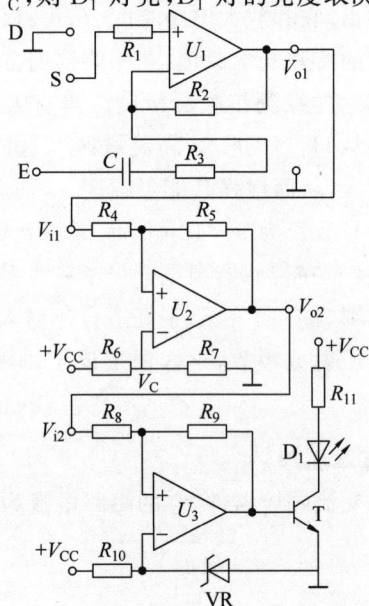

图 1.5.2　热释电传感器光电特性测量电路图

（1）按图 1.5.3 接线，将红外热释电探头的三个插孔相应地连接到实验模板热释电红外探头的输入端口上。

（2）开启主电源，并调整好示波器（Y 轴置 50mV/div；X 轴置 0.2s/div）。

（3）用手掌或其他自备红外发生器在距离传感器接收端前移动，观察数显表及示波器波形的变化；停止晃动，重新观察数显表及示波器波形的变化，同时观察实验平台上 LED 灯的亮度变化。观测时，人体其他部位尽量保持不动。

2. 记录当红外信号改变时的示波器图形

（1）用手掌或自备红外发生器在距离传感器约 10mm 外晃动，注意数显表及示波器波形的变化，停止晃动，重新观察数显表及示波器波形的变化，同时观察实验平台上 LED 灯的亮度的变化。

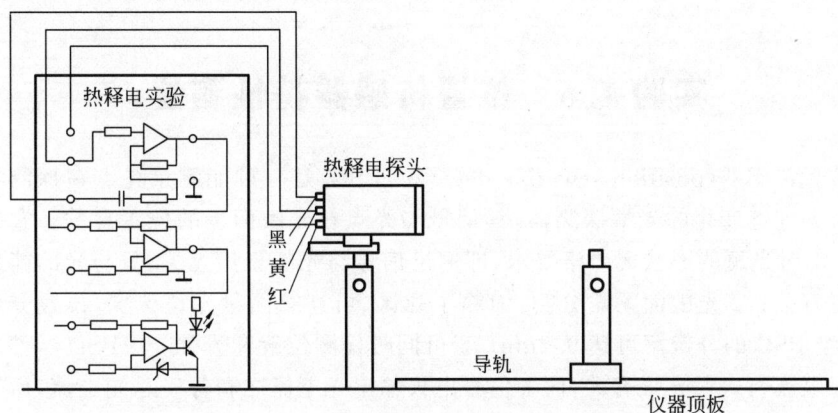

图 1.5.3 红外热释电传感器实验接线图

（2）用手掌靠近传感器晃动，注意数显表及示波器波形的变化，同时观察实验平台上 LED 灯的亮度的变化。

【数据与结果】

（1）记录当手掌或自备红外发生器在距离传感器约 10mm 外晃动时示波器的变化情况，并记录其波形。

（2）当手掌靠近传感器晃动时，注意数显表及示波器波形的变化，并记录其波形。

（3）讨论红外热释电的工作原理和应用范围。

【思考题】

当手掌向传感器作纵向移动时，传感器变化不明显或无变化，请结合传感器原理进行说明。

实验 1.6 位置传感器特性测量

位置传感器(position sensitive detector,PSD)是一种能测量光点在探测器表面上位置连续变化的光学探测器,其信号与光点在光敏面上的位置有关。它的特点是:①对光斑的形状无严格要求,即输出信号与光的聚焦无关,只与光的能量中心位置有关;②光敏面无需分割,消除了死区,可连续测量光斑位置,位置分辨率高,一维 PSD 的分辨率可达 0.2μm;③可同时检测位置和光强——PSD 器件的输出总光电流与入射光强有关,而各信号电极输出光电流之和等于总光电流,所以从总光电流可求得相应的入射光强。

PSD 已被广泛地应用于激光自准直、光点位移量和振动的测量、平板平行度的检测和二维位置测量等领域。目前,PSD 有一维和二维两种,每种具有多种规格可供选择。

【实验目的】

(1) 掌握 PSD 的原理。
(2) 使用 PSD 测一维移动量。

【实验原理】

1. PSD 的构成与工作原理

PSD 一般由 p 衬底、pin 光电二极管及表面电阻组成,如图 1.6.1 所示,其中,p 层不仅作为光敏层,而且是一个均匀的电阻层。

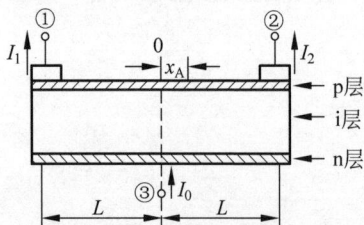

图 1.6.1 PSD 断面结构示意图

当 PSD 的光敏面受到入射光照射时,在入射位置上产生与光能成比例的电荷,此电荷作为光电流通过电阻层(p 层)由电极输出。由于 p 层的电阻是均匀的,所以由电极①和电极②输出的电流分别与光点到各电极的距离(电阻值)成反比。设电极①和电极②间的距离为 $2L$,电极①和电极②输出的光电流分别为 I_1 和 I_2,则电极③上的电流为总电流 I_0,且 $I_0 = I_1 + I_2$。

若以 PSD 的中心点位置作为原点,光点离中心的距离为 x_A,则有

$$
\begin{cases}
I_1 = I_0 \dfrac{L - x_A}{2L} \\[2ex]
I_2 = I_0 \dfrac{L + x_A}{2L} \\[2ex]
x_A = \dfrac{I_2 - I_1}{I_2 + I_1} L
\end{cases}
\tag{1.6.1}
$$

根据式(1.6.1),即可确定光斑能量中心对于器件中心的位置 x_A,它只与 I_1、I_2 的和、差以及比值有关,而与总电流无关(即与入射光能的大小无关)。

2. 一维 PSD

一维 PSD 主要用来测量光点在一维(x 坐标)方向上的位置或位置移动量。图 1.6.2 是一维 PSD 的原理结构示意图,其中,①和②为信号电极,③为公共电极。感光面大多呈细长矩形条。

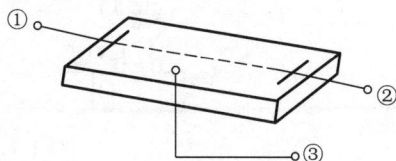

图 1.6.2 一维 PSD 原理结构示意图

根据式(1.6.1),可得

图 1.6.3 PSD 实验电路原理图

$$
x_A = \frac{I_3 - I_1}{I_3 + I_1} L
\tag{1.6.2}
$$

总电流为

$$
I_2 = I_1 + I_3
\tag{1.6.3}
$$

由式(1.6.2)和式(1.6.3)可得,一维 PSD 不但能检测光斑中心在一维空间的位置,而且能检测光斑的强度。

【实验仪器】

PSD、固体激光器、调节螺杆、放大倍增电路、支架、光电传感器实验平台、电压表。

【实验内容】

1. 安装实验装置

(1) 按如图 1.6.3 所示连接 PSD 实验电路,PSD 上的黄色端接 V_r,另外两端接 V_{i1} 和 V_{i2},即 V_{i1} 和 V_{i2} 端口接的是 PSD 两个端的电压信号,V_r 接的是 PSD 中心点的电压信号。PSD 两端的信号经 U_1 和 U_2 分别放大后得到 V_{o1} 和 V_{o2},这两个信号在 U_3 进行差分放大,获得两者的电压差 V_{o3},此电压差再

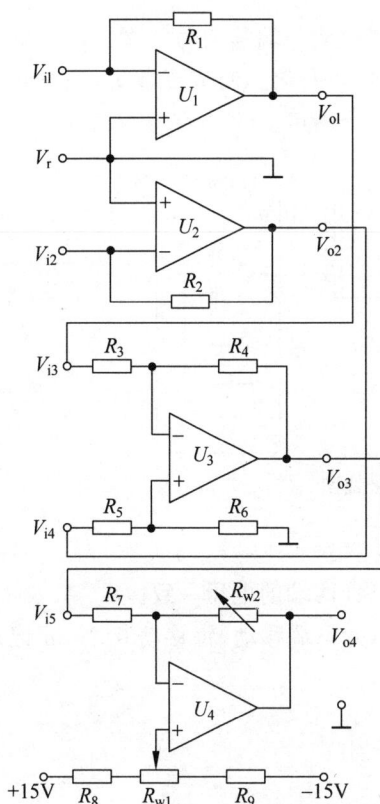

经过 U_4 进行放大,得到 V_{o4},即输出信号。

（2）按如图 1.6.4 和图 1.6.5 所示安装 PSD。

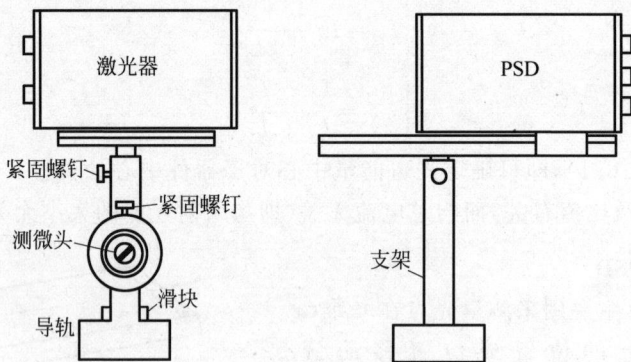

图 1.6.4　PSD 的安装图

（3）打开主机电源,移动激光器,观察电压表示值。移动激光器时,可使电压表示值改变,则实验装置安装完成。

2. 实验测量

（1）转动测微头,使激光光点在 PSD 上的位置从一端移向另一端。调节输出增益旋钮 R_{w2},使电压在 ±4V（可以大于 ±4V）之间变化。调节测微头,注意转动方向与位移的关系,使激光光点在 PSD 的其中一个端点上。

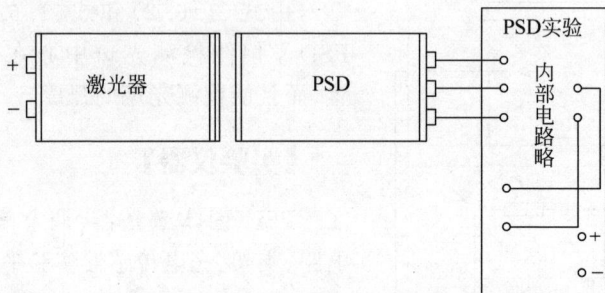

图 1.6.5　PSD 实验接线图

（2）遮住 PSD 调节 R_{w1},使电压表显示为零。

（3）通过微调 R_{w1} 和 R_{w2},使激光光点在 PSD 两端的电压一致。

（4）反向转动测微头,使激光光点向 PSD 的另一端移动,每移动 0.2mm 记录一个数据,重复 3 次,结果取平均值。

（5）画出电压与激光光点位移特性曲线。

【数据与结果】

将实验数据填入表 1.6.1。

表 1.6.1　PSD 实验数据记录表

位置/mm									
电压/mV									
电压/mV									
电压/mV									

（1）根据 PSD 的原理，用作图工具绘制位置-电压曲线，并拟合数据，获得激光光点位移量与输出电压的关系式。

（2）根据获得的关系式，计算出当位移量为 5mm 时，电路对应的输出电压。

【思考题】

在实验中我们可以发现，当激光器的亮度增加或光斑面积减小时，PSD 信号的输出就会增加。请问，出现这样的结果的原理是什么？能不能一直用这个办法提升 PSD 器件的分辨率？为什么？

实验 1.7 光纤位移传感器特性测量

位移传感器又称为线性传感器,有电感式位移传感器、电容式位移传感器、光电式位移传感器以及超声波式位移传感器等多种类型,是工业上运用最广泛的传感器之一。

光纤式位移传感器是在光纤上制作一定结构来实现"传"和"感"相结合的位移器件。它具有以下优点。

(1) 从材料上讲,光纤位移传感器的基本制作材料是光纤。光纤的柔韧性好,具有抗电磁干扰以及抗腐蚀等特性,是制作新型传感器的重要材料之一,进而使得光纤位移传感器具有更为广泛的应用前景。

(2) 从原理上讲,光纤制作位移传感器件时,其本身既可作为传光元件,又可作为感知器件,实现"传"和"感"相结合。光纤位移传感器以光为信息载体,传输速度快,响应速度快。

(3) 从结构上讲,光纤位移传感器的结构大致分为三部分,即光源、光纤以及探测器。其结构简单,设计灵活,造价低廉,稳定性好。

由于光纤位移传感器的优良特性,其广泛地应用于医疗、交通、电力、机械、航空航天等各个领域。在未来,光纤位移传感器是最具发展潜力的传感器之一。

【实验目的】

(1) 了解光纤位移传感器的工作原理与工作特性。

(2) 了解光纤位移传感器的性能及其应用范围。

(3) 测量工作面在小范围内移动时的光纤位移传感器的变化。

【实验原理】

反射式光纤位移传感器是一种传输型光纤传感器,原理如图 1.7.1 所示。光纤采用 Y 型结构,两束光纤一端合并在一起组成光纤探头,另一端分为两支,分别作为光源光纤和接收光纤。光从光源耦合到光源光纤,通过光纤传输,射向反射片,再被反射到接收光纤,最后由光电转换器接收,转换器接收到的光源与反射体表面性质、反射体到光纤探头距离有关。当反射表面位置确定后,接收到的反射光光强随光纤探头到反射体距离的变化而变化。显然,当光纤探头紧贴反射片时,接收器接收到的光强为零。随着光纤探头离反射面距离的增加,接收到的光强逐渐增加,直至所有从发射光纤出射的光均能到达输出光纤,此时接收光纤的光强到达最大值。当光纤继续远离反射片时,接收光纤接收到的光强又随两者的距离增加而减小,此时接收光纤接收到的光强与距离的平方成反比,即

$$E = \frac{I}{R^2} \qquad\qquad (1.7.1)$$

其中,E 为接收光纤接收到的光强;I 为从发射光纤出射的光强;R 为接收光纤与反射面的距离。

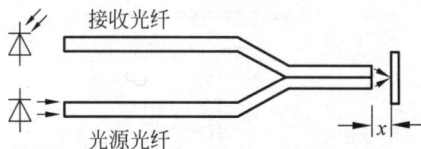

图 1.7.1　反射式光纤位移传感器原理

如图 1.7.2 所示就是反射式光纤位移传感器的输出特性曲线,利用这条特性曲线可以通过对光强的检测得到位移量。反射式光纤位移传感器是一种非接触式测量,具有探头小、响应速度快、测量线性化(在小位移范围内)等优点,可在小位移范围内进行高速位移检测。

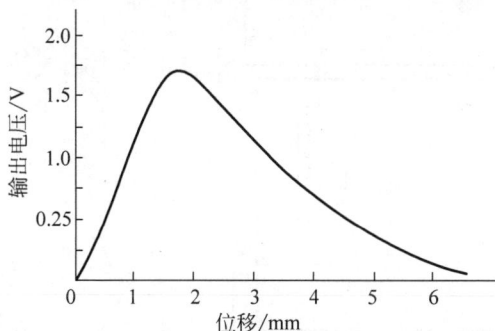

图 1.7.2　反射式光纤位移传感器的输出特性曲线

【实验仪器】

光电传感器实验平台、安装架、光纤位移传感器探头、测微头、光纤支架、光纤位移传感器信号放大模块。

【实验内容】

1. 安装光纤位移传感器实验装置

(1) 根据图 1.7.3 安装 Y 型光纤位移传感器,光纤两条尾纤分别插入实验模板上的光电变换座中,其内部已与发光管 D 及光电转换管 T 相接。

(2) 按图 1.7.4 接线,将光纤实验电路输出端 V_{01} 与主机的电压表相连。

2. 实验测量

(1) 合上主机电源开关,调节测微头使反射面与光纤传感器相连。调节 R_{w2}

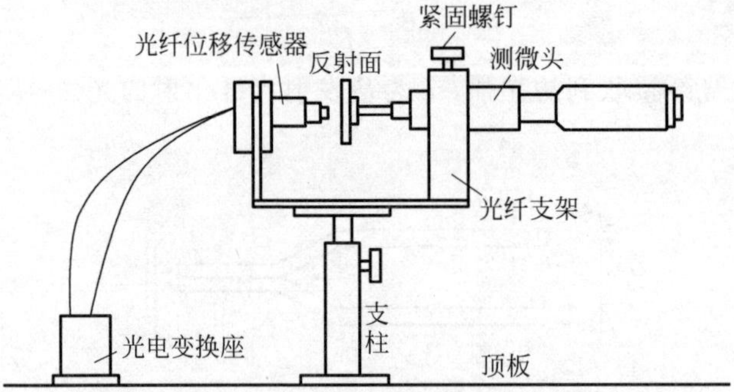

图 1.7.3　光纤位移传感器实验安装结构图

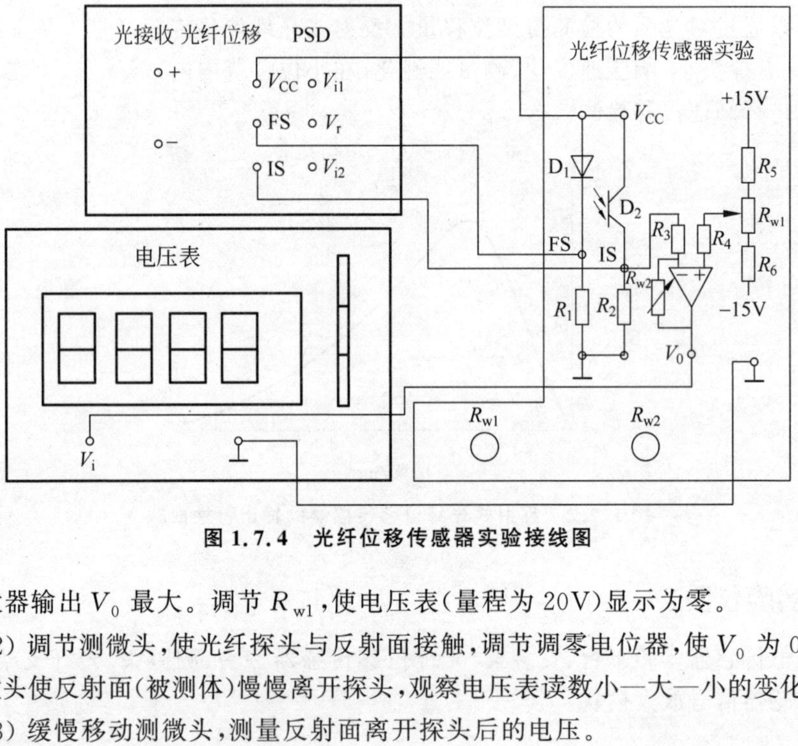

图 1.7.4　光纤位移传感器实验接线图

使放大器输出 V_0 最大。调节 R_{w1}，使电压表（量程为 20V）显示为零。

（2）调节测微头，使光纤探头与反射面接触，调节调零电位器，使 V_0 为 0V。旋转测微头使反射面（被测体）慢慢离开探头，观察电压表读数小—大—小的变化过程。

（3）缓慢移动测微头，测量反射面离开探头后的电压。

【**数据与结果**】

（1）将实验数据填入表 1.7.1，测量间隔为 0.1mm 或更小，可以根据实际需求设计。

表 1.7.1　光纤位移传感器输出电压与位移数据表

X/mm	0.1	0.2	0.3	0.4	0.5	0.6	...	10.0
电压/V								

　　测量时注意回程差,即不要小范围来回调节位移,最好顺着单方向调节位移。

　　(2)根据表 1.7.1,作出光纤位移传感器的位移特性曲线,计算在量程 1mm 时灵敏度和非线性误差。

　　(3)参考实验曲线如图 1.7.5 所示。

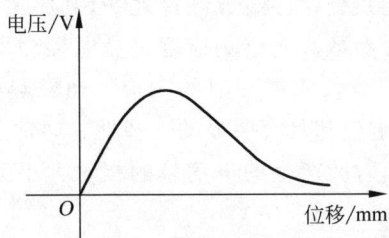

图 1.7.5　光纤位移传感器特征曲线示意图

【思考题】

用光纤位移传感器测位移时,对被测物体的表面有哪些要求?

实验1.8　光电探测器光谱响应特性

光电探测器件是光电系统核心组成部件之一,其频谱特性、时间特性、电学特性都是光电探测器的重要参数。光谱响应度是光电探测器的基本性能参数之一,表征了光电探测器对不同波长入射辐射的响应。通常热探测器的光谱响应较平坦,而光子探测器的光谱响应却具有明显的选择性。通常以波长为横坐标,以探测器接收到的等能量单色辐射所产生的电信号的相对大小为纵坐标,绘出光电探测器的相对光谱响应曲线。

【实验目的】

(1) 理解光电探测器件光谱响应度的概念。

(2) 掌握光电探测器件光谱响应度的测量方法。

(3) 测量热释电探测器和硅光电二极管的光谱响应特性。

【实验原理】

光谱响应度是光电探测器对单色入射辐射的响应能力。电压光谱响应度 $R_v(\lambda)$ 定义为波长为 λ 的单位入射辐射功率的照射下,光电探测器输出的信号电压,用公式表示为

$$R_v(\lambda) = \frac{V(\lambda)}{P(\lambda)} \tag{1.8.1}$$

而光电探测器在波长为 λ 的单位入射辐射功率的作用下,其所输出的光电流称为探测器的电流光谱响应度,用下式表示:

$$R_i(\lambda) = \frac{I(\lambda)}{P(\lambda)} \tag{1.8.2}$$

其中,$P(\lambda)$ 为波长 λ 时的入射光功率;$V(\lambda)$ 为光电探测器在入射光功率 $P(\lambda)$ 作用下的输出信号电压;$I(\lambda)$ 则为输出用电流表示的输出信号电流。为简洁起见,$R_v(\lambda)$ 和 $R_i(\lambda)$ 均可以用 $R(\lambda)$ 表示。但在具体计算时应区分 $R_v(\lambda)$ 和 $R_i(\lambda)$,显然,二者具有不同的单位。

测量光电探测器的光谱响应时,通常用单色仪对辐射源的辐射功率进行分光来得到不同波长的单色辐射,然后测量在各种波长的辐射照射下光电探测器输出的电信号 $V(\lambda)$。然而,由于实际光源的辐射功率是波长的函数,因此在相对测量中要确定单色辐射功率 $P(\lambda)$ 就需要利用参考探测器(基准探测器),也就是使用一个光谱响应度为 $R_f(\lambda)$ 的探测器为基准,用同一波长的单色辐射分别照射待测探测器和基准探测器。由参考探测器的电信号输出 $V_f(\lambda)$ 可得单色辐射功率 $P(\lambda) = V_f(\lambda)/R(\lambda)$,再通过式(1.8.1)计算即可得到待测探测器的光谱响应度。

本实验采用如图 1.8.1 所示的实验装置。用单色仪对钨丝灯辐射进行分光，得到单色光功率 $P(\lambda)$。

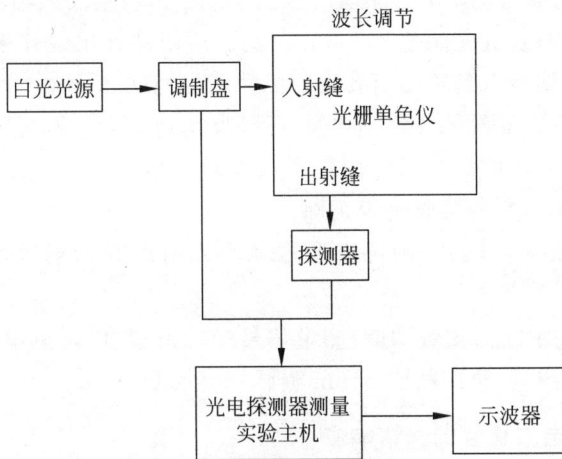

图 1.8.1 实验仪器连接示意图

这里用响应度与波长无关的热释电探测器作参考探测器，测得 $P(\lambda)$ 入射时的输出电压为 $V_f(\lambda)$。若用 R_f 表示热释电探测器的响应度，则显然有

$$P(\lambda) = \frac{V_f(\lambda)}{R_f K_f} \qquad (1.8.3)$$

其中，K_f 为热释电探测器前级放大和主放大倍数的乘积，即总的放大倍数，本实验 $K_f = 100 \times 300$；R_f 为热释电探测器的响应度，本实验 $R_f = 900\text{V/W}$。

然后在相同的光功率 $P(\lambda)$ 下，用硅光电二极管测量相应的单色光得到输出电压 $V_b(\lambda)$，从而得到光电二极管的光谱响应度：

$$R(\lambda) = \frac{V(\lambda)}{P(\lambda)} = \frac{V_b(\lambda)/K_b}{V_f(\lambda)/R_f K_f} \qquad (1.8.4)$$

其中，K_b 为硅光电二极管测量时总的放大倍数，$K_b = 150 \times 300$。

【实验仪器】

直流调压光纤光源、单色仪、选频放大器和调制盘驱动器、硅光二极管探测器、热释电探测器、光学调制盘等。

【实验内容】

1. 测量热释电探测器的光谱响应及光功率 $P(\lambda)$

(1) 按照图 1.8.1 连接仪器，将调制盘接在实验主机的"调制盘驱动"接口，探测器接在"信号输入"接口，示波器通过 Q9 线接"选频输出"接口。

(2) 转动单色仪手柄，将波长调节至 630nm 附近（探测器在这个波段有较高的

响应度,便于后续调节)。注意,波长调节显示位数是××××,例如调节 630nm,
波长显示为 6300。

（3）打开白光光源,调节光源强度至最大,调节单色仪入射缝和出射缝的缝
宽,一般入射缝和出射缝先调整到 1mm 左右。用眼睛在出射孔平视观察,调节入
射光源的位置,直到能看到从出射孔出射的微弱红光(630nm)。

（4）调整探测器位置,使数字示波器可以观察到 25Hz(斩波器频率)的正弦信
号,并且显示的信号幅度最高。使用数字示波器的测量(measure)功能,测量信号
频率是否为 25Hz,以判断接收是否正确。

（5）如果信号噪声较大,则可以通过减小入射缝和出射缝的缝宽来提高信
噪比。

（6）使用数字示波器测量功能,测量信号峰峰值幅度,得到电压值 $V_f(\lambda)$。改
变波长,进行多次测量,每次间隔 50nm 测试一组数据。

2. 测量硅光电二极管的光谱响应

（1）实验装置中的探测器更换为硅光电二极管探测器,在上述条件都不变的
情况下,只需调整探测器位置,使响应度达到最高。

（2）使用数字示波器测量功能,测量信号峰峰值幅度,得到电压值 $V_b(\lambda)$,改
变波长,进行多次测量,每次间隔 50nm 测试一组数据。

【数据与结果】

1. 热释电探测器性能测试

将实验数据填入表 1.8.1。

表 1.8.1　热释电探测器数据记录表

$R_f =$ _____ ,$K_f =$ _____

探测器	入射光波长 λ/nm	输出信号幅度 $V_f(\lambda)$	光谱功率 $P(\lambda) = \dfrac{V_f(\lambda)}{R_f K_f}$
热释电探测器	400		
	450		
	500		
	550		
	600		
	650		
	700		
	750		
	800		
	850		

2. 硅光电二极管的响应度

将实验数据填入表 1.8.2。

表 1.8.2　热释电探测器数据记录表

$K_b=$ _____

探测器	入射光波长 λ/nm	输出信号幅度 $V_b(\lambda)$	等效信号幅度 $V(\lambda)=V_b(\lambda)/K_b$	响应度 $R(\lambda)=\dfrac{V(\lambda)}{P(\lambda)}$
硅光电二极管	400			
	450			
	500			
	550			
	600			
	650			
	700			
	750			
	800			
	850			

以 λ 为横坐标，$R(\lambda)$ 为纵坐标，用作图软件作图，得出光电二极管的光谱响应曲线，分析光电二极管的响应度和波长的关系。

【思考题】

（1）分析影响光电探测器光谱响应特性的主要因素，并提出改善其性能的方法。

（2）光电探测器的光谱响应特性是如何影响光电探测系统的性能的？

实验 1.9 光电探测器时间响应特性

光电探测器输出的电信号相对于输入的光信号发生时间上的扩展,即输出的电信号要落后于作用在其上的光信号,扩展的程度可由响应时间来描述。光电探测器的这种响应落后于作用信号的特性称为弛豫。弛豫的存在,会使先后作用的信号在输出端相互交叠,从而降低了信号的调制度。如果探测器观测的是随时间快速变化的物理量,则由于弛豫的影响会造成输出信号严重畸变。因此,深入了解探测器的时间响应特性是十分必要的。

【实验目的】

(1) 理解探测器时间响应的概念。
(2) 测量发光二极管的时间响应参数。
(3) 测量光敏电阻的响应时间。

【实验原理】

表示探测器时间响应特性的方法主要有两种,一种是脉冲响应特性法,另一种是幅频特性法。

1. 脉冲响应特性

响应落后于作用信号的现象称为弛豫。信号开始作用时的弛豫称为上升弛豫或起始弛豫,信号停止作用时的弛豫称为衰减弛豫。

如用阶跃信号作用于器件,则起始弛豫定义为探测器的响应从零上升为稳定值的 $(1-e^{-1})$(即 63%)时所需的时间;衰减弛豫定义为信号撤去后,探测器的响应下降到稳定值的 e^{-1}(即 37%)所需的时间。这类探测器有光电池、光敏电阻及热电探测器等。

另一种定义弛豫时间的方法是,起始弛豫为响应值从稳态值的 10% 上升到 90% 所用的时间,衰减弛豫为响应从稳态值的 90% 下降到 10% 所用的时间。这种定义多用于响应速度很快的器件,如光电二极管、雪崩光电二极管和光电倍增管等。

此外,如果测出了光电探测器的单位冲激响应函数,则可直接用其半值宽度来表示时间特性。为了得到具有单位冲激函数形式的信号光源,即 δ 函数光源,可以采用脉冲式发光二极管、锁模激光器以及火花源等光源来近似。在通常测试中,更方便的是采用具有单位阶跃函数形式亮度分布的光源,从而得到单位阶跃响应函数,进而确定响应时间。

2. 幅频响应特性

由于光电探测器响应弛豫的存在,其响应度不仅与入射辐射的波长有关,而且是入射辐射调制频率的函数,这种函数关系还与入射光强信号的波形有关。通常定义光电探测器对正弦光信号的响应幅值同调制频率间的关系为它的幅频特性。许多光电探测器的幅频特性具有如下形式:

$$A(\omega) = \frac{1}{(1 + \omega^2 \tau^2)^{1/2}} \tag{1.9.1}$$

其中,$A(\omega)$ 表示归一化后的幅频特性;$\omega = 2\pi f$ 为调制圆频率,这里 f 为调制频率;τ 为响应时间。在实验中可以测得探测器的输出电压 $V(\omega)$ 为

$$V(\omega) = \frac{V_0}{(1 + \omega^2 \tau^2)^{1/2}} \tag{1.9.2}$$

其中,V_0 为探测器在入射光调制频率为零时的输出电压。如果测得调制频率为 f_1 时的输出信号电压 V_1,以及调制频率为 f_2 时的输出信号电压 V_2,就可由下式确定响应时间:

$$\tau = \frac{1}{2\pi} \sqrt{\frac{V_1^2 - V_2^2}{(V_2 f_2)^2 - (V_1 f_1)^2}} \tag{1.9.3}$$

为减小误差,V_1 与 V_2 的取值应相差 10% 以上。

由于许多光电探测器的幅频特性都可用式(1.9.1)描述,为了更方便地表示这种特性,引入截止频率 f_e。它的定义是当输出信号功率降至超低频一半时,即信号电压降至超低频信号电压的 70.7% 时的调制频率,故 f_e 频率点又称为三分贝点或拐点,由式(1.9.1)可知

$$f_e = \frac{1}{2\pi\tau} \tag{1.9.4}$$

在实际测量中,对入射辐射调制的方式可以是内调制,也可以是外调制。外调制是指用机械调制盘在光源外进行调制,这种方法在使用时需要采取稳频措施,而且很难达到很高的调制频率,因此不适用于响应速度很快的光子探测器,具有很大的局限性。内调制通常采用快速响应的电致发光元件作辐射源,采取内调制的方法可以克服机械调制的不足,得到稳定度高的快速调制。

【实验仪器】

光电探测器时间常数实验仪、选频放大器和调制盘驱动器、硅光二极管探测器、热释电探测器、光学调制盘等。

【实验内容】

1. 脉冲法测量光电二极管的响应时间

(1) 将本实验箱面板上"偏压"和"负载"分别选通一组。

（2）将"波形选择"开关拨至方波挡，"探测器选择"开关拨至光电二极管挡，将"光源"的方波接口和"输出"光电二极管的接口通过 Q9 线分别接在示波器的两个通道 CH1 和 CH2。此时由"光源"的输出可观测到方波波形，由"输出"可观测到经光电二极管的输出波形，其信号频率可通过"频率调节"处的方波旋钮来调节。此时调制光的频率可调至适当频率（比如 200 Hz，频率太低时用普通示波器观测波形时不易测试，频率太高时会影响对响应时间测试的精度）。

（3）调节示波器的扫描时间和触发同步，使光电二极管对光脉冲的响应在示波器上稳定和清晰地显示，信号源选择"光源"通道的信号。

（4）固定负载，测试偏压对响应时间的影响。选定负载为 10Ω，改变其偏压。观察并记录在零偏（不选偏压即可）及不同反偏下光电二极管的响应时间，并填入表 1.9.1。

（5）响应时间测量方法：将"输出"的信号进行时间轴（SCALE）放大，使用示波器光标（CURSOR）功能，测量信号幅值由 10% 到 90% 的时间，即光电二极管的响应时间。

（6）固定偏压，测试负载电阻对响应时间的影响。在反向偏压为 15V 时，改变探测器的偏置电阻，观测探测器在不同偏置电阻时的脉冲响应时间，并填入表 1.9.2。

2. 幅频法测量光敏电阻的响应时间

（1）将本实验箱面板上"波形选择"开关拨至正弦挡，"探测器选择"开关拨至光敏电阻挡，将"光源"的正弦波接口和"输出"光敏电阻的接口通过 Q9 线分别接在示波器的两个通道 CH1 和 CH2。此时由"输入波形"的光敏电阻处可观测到正弦波形，由"输出"可观测到经光敏电阻的输出波形，其频率可改变"频率调节"处的正弦旋钮来调节。

（2）改变光波信号频率，测量输出信号的频率和振幅，至少测三个频率点，并且三个频率点的输出电压相差要在 10% 以上，在表 1.9.3 中记录数据。

（3）在表 1.9.3 中选取电压差值较大的两个点，根据式（1.9.3）计算其响应时间。

【数据与结果】

1. 脉冲法测量光电二极管的响应时间

将实验数据填入表 1.9.1，绘制偏置电压-响应时间的曲线，并对实验结果进行分析讨论。

表 1.9.1　硅光电二极管的偏置电压与响应时间的关系

负载电阻：＿＿＿＿＿

偏置电压 E/V	0	5	10	15
响应时间 t_r/μs				

将实验数据填入表1.9.2,绘制负载电阻-响应时间的曲线,并对实验结果进行分析讨论。

表 1.9.2　硅光电二极管的负载电阻与响应时间的关系

反向偏压:_____

负载电阻 R_L/Ω	500	2k	10k	50k	100k
响应时间 $t_r/\mu s$					

2. 幅频法测量光敏电阻的响应时间

将实验数据填入表1.9.3,选取电压差值较大的两个点,根据式(1.9.3)计算出其响应时间。

表 1.9.3　光敏电阻频率与电压测试数据表

频率/Hz	200	400	600	800	1000
电压/mV					

【思考题】

(1)分析影响光电探测器时间响应特性的主要因素,并提出改善其性能的方法。

(2)光电探测器的时间响应特性在实际应用中有什么影响?

第2章
光电子与激光实验

实验 2.1　开腔 He-Ne 激光器谐振腔实验

1917 年,爱因斯坦提出了受激辐射的概念。但在一般热平衡情况下,物质的受激辐射总是被受激吸收掩盖,未能在实验中观察到受激辐射现象。1953 年,汤斯(Townes)研究小组发现了微波的受激辐射,这为实现光频波段的受激辐射奠定了基础。1960 年,梅曼(Maiman)制造了光频波段的第一台红宝石激光,标志着激光技术的诞生。

按工作物质的类型,激光器主要有固体激光器、气体激光器、液体激光器(染料激光器)、半导体激光器和光纤激光器。氦-氖(He-Ne)激光器是继红宝石激光器后出现的第二种激光器,也是目前使用最为广泛的激光器之一。He-Ne 激光器价格低、结构简单,是了解激光器工作原理非常理想的实验选择。

激光的工作原理涉及光学、电学、量子力学、原子物理学等许多基本物理学知识和实验技能,因此通过单元组件组装一台 He-Ne 激光器进行实验,对于了解激光器的构造、工作原理、特性,巩固和综合运用所学的物理知识以及了解激光器的应用很有意义。

本实验要求通过对激光器主要结构的认识,利用各组件组装完成激光器,进而测量激光的输出特性,了解激光的工作特性,输出光斑的模式特性,以便掌握激光有关知识和更好地把它应用到科技创新之中。

【实验目的】

(1) 理解激光产生的基本原理和激光的主要特性。
(2) 认识激光器的基本构造。
(3) 掌握激光器谐振腔调节方法并调节激光器谐振腔输出激光。
(4) 掌握基本的激光功率、模式的测量方法。

【实验原理】

1. 谐振腔

两面相隔一定距离的反射镜可组成一个光学谐振腔,这两面反射镜可以是平面,也可以是球面,其中一面镀高反射膜,称为全反镜或尾镜,另一面为部分透射,称为输出镜。激光谐振腔的作用主要有两个,一是为激光提供光学正反馈,即让腔内的光线能够多次往返,增益不断加强,同时约束激光的方向,保证激光的发散角比较小;二是限制激光只在几个或一个频率模式上振荡,保证激光具有较好的单色性。

由于光线在腔内多次往返,镜面每次反射都会对光强造成损失,这个损失是不可避免的,因此镜面通常需要镀针对激光波长的增反膜。另外,为了让光线能多次往返,谐振腔两个镜面要尽量平行。图 2.1.1 所示为两个平面镜组成的谐振腔由镜面不平行而导致的光线横向逃逸,假设两个镜面夹角(倾斜角)为 α,镜面宽度为 $2b$,腔长为 d,则光线在腔内最大往返次数 m 满足

$$m = \sqrt{\frac{b}{\alpha d}} \qquad\qquad (2.1.1)$$

可见,倾斜角越大,往返次数越小,越不利于激光增益,因此调节谐振腔时首先要尽量保证两镜面的平行度。具体调节时需要借助准直激光,让两个镜面尽可能与准直激光垂直,从而保证两个镜面的平行度。

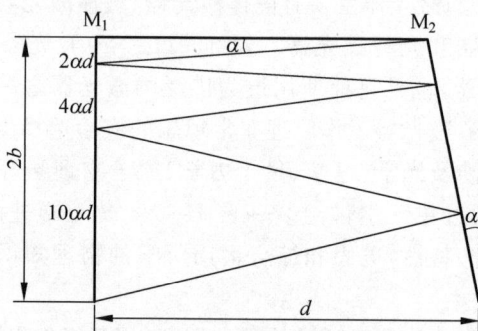

图 2.1.1 谐振腔横向逃逸损耗示意图

2. 高斯光束

理想平行光的波前法线与传播方向一致,没有角度发散,但是其光束是分布在无限宽的垂直传播方向的平面上,能量不能集中,因此实用的激光器谐振腔大多采用由一个平面镜和一个凹面镜组成的平凹腔,或者由两个球面镜组成的双凹球面腔结构,这样不但更容易保证光线在腔内多次往返,还能让激光束的能量集中在光轴附近,形成一种类高斯分布。高斯光束的波前在束腰处基本与行进方向垂直,是实际应用中较为理想的光束。高斯光束波前是球面波,但不同位置的曲率半径又不断变化,在束腰处波前为平面,向左右两边开始不断扩散,各处波前的曲率半径扩散的渐近线是一个双曲线,如图 2.1.2 所示。

【实验仪器】

He-Ne 激光器试验台,He-Ne 激光器放电管、激光器电源、反射镜、准直激光器、激光功率计。

【实验内容】

1. 谐振腔的认识

开腔 He-Ne 激光器主要由两个带调节支架的反射镜、激光放电管及电源、准

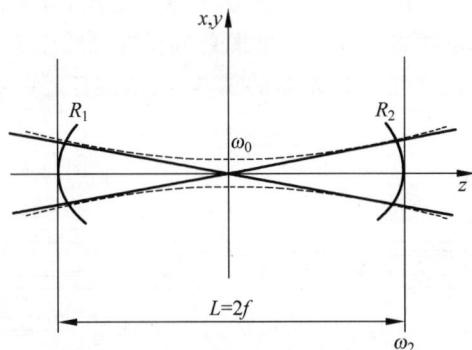

图 2.1.2　高斯光束波前曲率分布示意图

直激光器、滑轨、功率计等部件组成。He-Ne 激光器由于采用毛细管放电的形式，大多数采用平-凹腔结构。凹面镜用作谐振腔的全反镜，一般会标明"$R=***$"，这里 R 代表凹面镜的曲率半径。平面镜用作输出镜，镜上会标明"plane，$T=***\%$"等字样，这里 T 代表平面镜的透过率。如果没有标明，可以用准直激光分别照射两反射镜，透过率小的为凹面镜。谐振腔调节前首先要分清平面镜、凹面镜，因为两镜的调节技巧差别较大。He-Ne 激光器试验台主要部件如图 2.1.3 所示。

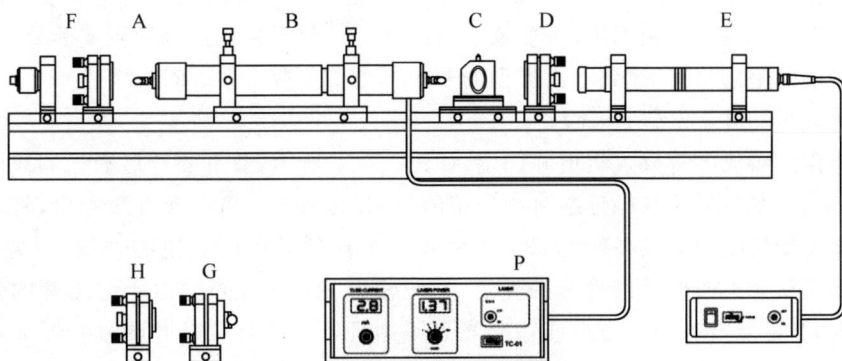

图 2.1.3　整体结构及主要部件

图 2.1.3 中各部件，A、D 为左右腔镜，B 为激光放电管，C 为双折射晶体，D 为右腔镜调节支架，E 为准直激光器，F 为光子探测器，G 为利特罗(Littrow)棱镜，H 为法布里-珀罗(Fabry-Perot，F-P)标准具，P 为激光管电源控制器。

2. 谐振腔调节

谐振腔调节前宜用擦镜纸将各镜面及激光管的布儒斯特(Brewster)窗擦拭干净，以减少污渍对激光的损耗。基本调节步骤分为如下四步。

第 1 步：调节全反凹面镜。

首先将凹面镜和准直激光器放入滑轨两端并锁紧，如图 2.1.4 所示，准直激光器一端应留有较大的空间,因为激光会从这个方向输出,以便放置其他测量设备。然后打开准直激光器,使得激光光斑能够照射到反射镜的中央位置,如果准直光斑不在中央,则可以适当调节准直激光器的 X-Y 调节旋钮,保证准直激光照射在反射镜中央位置。

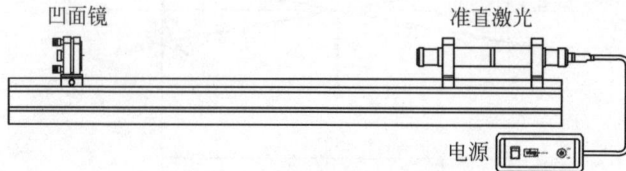

图 2.1.4 凹面镜调节示意图

粗调:调节凹面镜的 X-Y 调节旋钮,使凹面镜的反射光束可进入准直激光管的发射孔。

细调:微调反射镜的 X-Y 调节旋钮,观察凹面镜上的光点。由于光线在凹面镜和准直激光器输出平镜面之间来回反射,将观察到凹面镜上至少有三个光点,呈线状排列。

继续微调 X-Y 调节旋钮,使这些光点完全重合为一个光点,此时会出现忽亮忽暗的干涉现象,这时就可以认为凹面镜调节好了。同时也可观察到光束在凹面镜上产生的明暗相间的同心干涉圆环,当圆环比较清晰时就认为调整好了。由于凹面镜对光线具有会聚作用,一般依靠目测就可以判断调整是否达到实验要求,不需要特别的辅助仪器,达到上面提到的要求不需要花费太多时间。

第 2 步:调节放电毛细管。

将激光器放电管放入轨道并固定,如图 2.1.5 所示,暂不要开启激光器放电管电源。用一张白纸放在靠近准直激光束的一端(位置 1),挡住准直激光束,将看到准直激光器发出的圆且亮的光点。然后将白纸移到靠近凹面镜的一端(位置 2),观察准直激光束通过毛细管后的光点,比较输出和输入光点。由于毛细管的倾斜和衍射,有可能没有输出光点或输出光点不圆且暗。此时可以微调激光器放电管上的 X-Y 调节旋钮,直到准直激光束可通过毛细管而无任何扭曲,输出端的光点和输入端光点基本相同就可以了。如果有配套的同心小孔圆屏,则可以将平面镜从支架上卸下,装上小孔圆屏,然后将支架放置在位置 2 处,让光束可以完全穿过小孔为最佳。更直观的方法是将功率计放置在位置 2 处,依据功率计显示达到最大值来判断毛细管的调节是否符合要求。毛细管调节越仔细,激光振荡越易形成。

第 3 步:输出平面镜调节

图 2.1.6 是平面镜调节示意图,与凹面镜调节方法类似。将平面镜调节支架放入滑轨并固定,首先粗调平面镜 X-Y 调节旋钮,使平面镜的反射光束能够进入准直激光管。然后细调,在平面镜靠放电管一侧(位置 1)放置一张白纸,交替地微调平面镜 X-Y 调节旋钮,直到观察到清晰的同心圆环干涉条纹,这时就认为平面

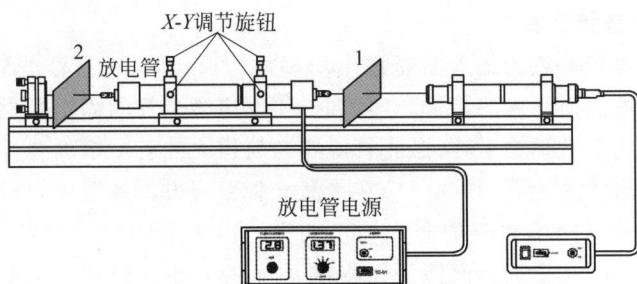

图 2.1.5 放电毛细管调节示意图

镜调节好了。由于平面镜对光束的偏折非常敏感，因此在调节过程中应避免接触放置滑轨的实验台，以保持其平稳。

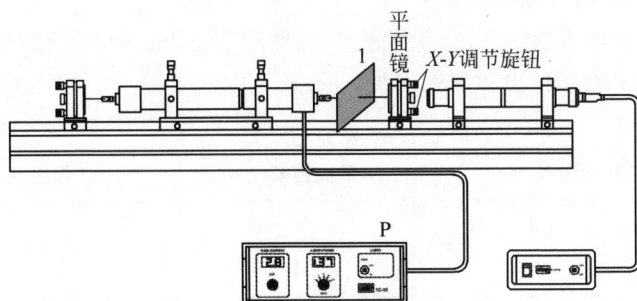

图 2.1.6 平面镜调节示意图

第 4 步：放电后微调平面镜。

当前面的步骤已做好，打开激光器电源，使其放电。若前面的步骤都调节得比较仔细，则激光器将立即开始振荡，输出激光。由于准直激光的光轴和实际激光的光轴不一定完全重合，大部分情况下没有激光输出，此时只需要微调平面输出镜即可，其他调节旋钮都不要动。具体方法为：打开准直激光器和放电管电源，由于平面输出镜有一定的透过率，将观察到凹面镜上有一个微弱的红色光点。先在小范围内来回微调平面镜 X-Y 调节旋钮中靠上的那个旋钮，同时观察反射镜上微弱红点的变化，直到该光点最亮；然后来回调节平面镜 X-Y 调节旋钮中靠下的旋钮，直到微弱红点最亮，这个过程要不断重复进行，直到激光输出。在调节过程中，有时会看到凹面镜上突然有一个很小的但非常亮的点，此时应特别注意微调。若还是不能形成激光振荡，则返回第 3 步重新调节平面镜，然后再进行第 4 步。

3. 谐振腔优化

在调节获得激光输出的情况下，用功率计测量激光功率，轮流调整毛细管的四个定位螺丝和平面镜的两个调节螺丝，以激光功率不断增大为判断标准，不断优化谐振腔的调节条件，直到功率达到极大值。每个仪器和每次试验的数值都不太一样，记录功率极大值，也可以拍照记录。

4. 高斯光束特性测试

在优化谐振腔并获得最大激光输出功率后,可以通过改变激光管在两腔镜之间的位置来观察高斯光束的特性。实验时,将固定激光管的固定螺丝稍微松一点,由于固定螺丝内部有弹簧卡片,激光管底座与轨道之间有一定的弹性压力,利用这个摩擦力缓慢移动激光管,移动时应在与激光管平行方向缓慢施力,记录激光管相对于凹面反射镜不同位置时的激光输出功率。由于平凹腔内高斯光束呈现一端大、一端小的特性,在靠近凹面镜处光束较大,而靠近平面镜处光束最小,因此能观察到激光管越靠近凹面镜,其输出功率越大的现象。

【数据与结果】

1. 谐振腔优化激光输出功率

将实验数据填入表 2.1.1,掌握光学元件调节方法,分析优化过程,总结哪些调节步骤有助于激光输出功率的增加。

表 2.1.1　激光功率优化数据

凹面镜反射率:＿＿＿＿,平面镜反射率:＿＿＿＿,谐振腔长:＿＿＿＿

优化过程 i	1	2	3	4	5	6	7
激光功率/mW							

2. 高斯光束特性

将实验数据填入表 2.1.2,以离凹面镜距离为横坐标,激光功率为纵坐标作图,借助高斯光束的特性分析原因。

表 2.1.2　高斯光束特性测量数据

离凹面镜距离/cm							
激光功率/mW							

【思考题】

(1) 谐振腔的调节比较复杂,能不能设计一种简易的开腔激光器的调节方法?

(2) 放电管在腔内移动时,很容易导致激光振荡的消失,有什么好的方法来改进这个操作过程?

实验 2.2　激光谐振腔的稳定性

　　激光器的谐振腔是激光器的主要组成部分,也是获得良好方向性和高相干性激光的重要保证。谐振腔的形式多样,根据不同用途和应用场景,可以按镜面曲率划分为平行平面腔、球面腔等,也可以根据稳定性分为稳定腔、非稳腔、临界腔等,还可以分成开腔、闭腔、波导腔、微谐振腔等形式。谐振腔的基本理论分析方法可以用几何光学方法和波动光学方法,也可以用量子、电磁场等理论分析特殊的谐振腔特性。几何光学方法主要利用光线传播的矩阵光学理论来分析谐振腔的稳定性、光束聚焦、准直以及光束变换等。波动光学利用衍射理论来分析电磁波模式、能量分布、损耗等。

　　本实验通过几何光学的传播矩阵方法研究谐振腔的稳定性,通过对激光器谐振腔参数和结构的认识,掌握激光谐振腔稳定性条件,进而测量谐振腔参数对激光输出特性的影响,以便掌握激光有关知识和更好地使其应用到科技创新之中。

【实验目的】

(1) 了解光束传播矩阵的分析方法。
(2) 理解激光器谐振腔参数。
(3) 掌握谐振腔稳定性条件及实验方法。

【实验原理】

1. 谐振腔的稳定性条件

　　通常用结构参数来描述谐振腔,设谐振腔两个反射镜的曲率半径分别为 R_1 和 R_2,镜面间隔为 d,则结构参数定义为

$$g_1 = 1 - \frac{d}{R_1} \tag{2.2.1}$$

$$g_2 = 1 - \frac{d}{R_2} \tag{2.2.2}$$

利用傍轴光线的传播矩阵理论,要保证光线能够在谐振腔内多次往返,则结构参数需要满足一定的条件,称为谐振腔稳定性条件,即

$$0 \leqslant g_1 g_2 \leqslant 1 \tag{2.2.3}$$

或

$$0 \leqslant \left(1 - \frac{d}{R_1}\right)\left(1 - \frac{d}{R_2}\right) \leqslant 1 \tag{2.2.4}$$

据此可以根据结构参数的取值范围对谐振腔进行简单分类,如

稳定腔:$0 < g_1 g_2 < 1$;

非稳腔:$g_1 g_2 < 0$ 或 $g_1 g_2 > 1$;

临界腔:$g_1 g_2 = 0$ 或 $g_1 g_2 = 1$。

下面给出一些常见谐振腔形式和结构参数的数据,以便更加直观地认识谐振腔参数的含义,如图 2.2.1 所示。

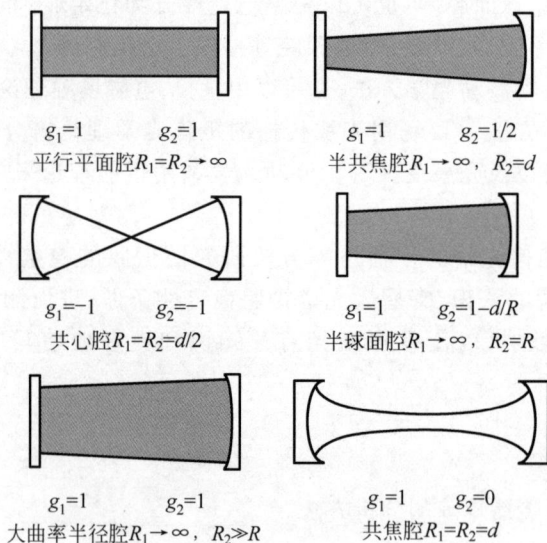

$g_1=1$ $g_2=1$
平行平面腔$R_1=R_2 \to \infty$

$g_1=1$ $g_2=1/2$
半共焦腔$R_1 \to \infty$,$R_2=d$

$g_1=-1$ $g_2=-1$
共心腔$R_1=R_2=d/2$

$g_1=1$ $g_2=1-d/R$
半球面腔$R_1 \to \infty$,$R_2=R$

$g_1=1$ $g_2=1$
大曲率半径腔$R_1 \to \infty$,$R_2 \gg R$

$g_1=1$ $g_2=0$
共焦腔$R_1=R_2=d$

图 2.2.1 谐振腔结构参数示意图

2. 谐振腔稳定性测试

本实验用的 He-Ne 激光器采用的是平凹腔结构,即图 2.2.1 中半球面腔结构,谐振腔的长度 d 可以在实验中进行调节,凹面镜的曲率半径 R 小于 d 的最大值,因此实验中可以通过改变 d 验证谐振腔的稳定性条件。对于平凹腔,根据稳定性判据,稳定的条件可以简化成谐振腔长度小于镜面曲率半径,即 $d < R$。实验时可以观察当腔长 d 不断接近 R 的值时,激光振荡、激光输出功率的变化等,以及 d 取何值时激光振荡停止,没有功率输出。

【实验仪器】

He-Ne 激光器放电管、激光器电源、反射镜、准直激光器、激光功率计。

【实验内容】

1. 谐振腔的结构参数

开腔 He-Ne 激光器主要由两个带调节支架的反射镜、激光放电管及电源、准

直激光器、滑轨、功率计等部件组成。He-Ne 激光器由于采用毛细管放电形式,大多采用平-凹腔结构。平面镜用作输出镜,镜上一般会有"plane, $T = ***\%$"等字样,这里 T 代表平面镜的透过率。凹面镜用作谐振腔的全反镜,一般会在镜子的侧边标注"$R = ***$",这里 R 代表凹面镜的曲率半径。如果凹面镜没有标明曲率半径,则可以用准直激光照射反射镜,然后沿着反射光寻找焦点,大致测量出焦距,然后就近取整,从而得到曲率半径。

2. 谐振腔调节及优化

按照实验 2.1 中谐振腔的调节方法,调节激光器使其输出激光,并通过优化毛细管提高激光输出功率,直到激光输出功率达到最大值。

3. 谐振腔稳定性测试

在优化谐振腔及毛细管并获得最大激光输出功率后,可以通过改变平面镜的位置来增大谐振腔长度,从而研究激光谐振腔稳定性条件。实验时,将固定平面镜的固定螺丝稍微松一点,由于固定螺丝内部有弹簧卡片,平面镜底座与轨道之间有一定的弹性压力,利用这个摩擦力缓慢移动平面镜底座。移动时应在与激光管平行方向缓慢施力,确保激光一直振荡。

如果在移动过程中观察到激光功率下降,可微调平面镜调节旋钮,适当增大激光功率。如果在移动过程中激光振荡消失,则可以轻微摆动一下平面镜,直到激光振荡恢复。如果摆动平面镜仍不能恢复激光振荡,则可以按照激光输出调节方法和步骤重新调节激光器,使其输出激光。

记录谐振腔长度的变化值,直到激光不能振荡为止,对比实验中谐振腔稳定长度与理论的差异,并分析原因。

【数据与结果】

1. 谐振腔优化调节

将实验数据填入表 2.2.1。

表 2.2.1　谐振腔优化调节数据

平面镜 $R_1 = $ _____ cm,凹面镜 $R_2 = $ _____ cm,腔长 _____ cm

优化过程 i	1	2	3	4	5	6
激光功率/mW						

2. 谐振腔稳定性

将实验数据填入表 2.2.2。

表 2.2.2　谐振腔稳定性测量数据

谐振腔长度 d/cm							
$g_1=1-\dfrac{d}{R_1}$							
$g_2=1-\dfrac{d}{R_2}$							
$g_1 g_2$							
激光是否振荡							

　　依据 $g_1 g_2$ 的值和稳定性条件,结合实际激光振荡情况给出谐振腔最大稳定长度,并与理论值比较,分析误差原因。

【思考题】

　　(1) 当谐振腔参数处于非稳定情况时,能否稳定地输出激光?

　　(2) 在增大谐振腔长度时,移动激光输出镜很容易使激光振荡消失,有没有更好的方法开展这个实验内容?

实验 2.3　激光横模特性

　　激光的主要优点体现在单色性好、方向性好、相干性好、能量密度高等。这些优点都与激光谐振腔密不可分,谐振腔的主要作用是模式选择和提供正反馈,而这里提到的模式可以理解为电磁波在有限边界条件下的一种存在状态,专业术语叫作本征态。严格的激光理论和实验研究表明,这种特殊的电磁波模式是存在的,也是能够稳定持续输出的。通常把腔内光场的分布,分解为沿着光传播方向的分布 $E(z)$ 和垂直于传播方向某横截面上的分布 $E(x,y)$,分别称为纵模（TEM_q）和横模（TEM_{mn}）,这里 q 称为纵模序数,m、n 称为模横序数,q、m、n 均为正整数。纵模通常用频率的不同来描述,而横模虽然也有频率的差异,但相对于纵模其频率差异较小,所以通常用横向不同的能量分布形式来区分。

　　从衍射角度来看,光在谐振腔内多次往返,必然要经历多次衍射,而衍射会形成一定衍射分布,如果某种衍射分布能够稳定存在,并在后续衍射过程中不再发生形式变化,即可以形成一种"自再现"模,这就是一种横模分布。由于衍射主要发生在腔镜边缘,所以中心能量高、边缘能量低的类高斯分布更易实现"自再现",并稳定存在。理论和实验表明,能够存在的横模模式非常多,不同激光器、功率输出时都会体现出不同的横模分布。同时,不同的横模分布对应了不同的能量空间分布,在实际应用中根据需要也对激光横模提出了不同的要求。

　　本实验在获得稳定激光振荡后,通过调节谐振腔的参数,获得不同的横模分布。然后观察、记录、分辨不同的横模模式,并与理论结果进行对比,从而加深对激光横模特性的理解和认识,理解不同横模在不同应用中的作用。

【实验目的】

（1）理解激光横模的物理意义。

（2）掌握激光器横模观察的实验方法。

（3）掌握横模分辨和不同应用场景。

【实验原理】

　　激光原理中通常是从惠更斯-菲涅耳（Huygens-Fresnel）原理出发,来讨论谐振腔中光的传播和在镜面上的衍射,进而得到稳定的横模分布。惠更斯-菲涅耳原理可表述为,任意光学波阵面上的任意一点,均可看作是能够发射出球面次波的辐射源,波阵面上不同点发出的次波可以彼此产生干涉,并进而给出下一时刻的新的波阵面。基尔霍夫（Kirchhoff）等发展了惠更斯-菲涅耳原理,给出了定量的数学表达式,即菲涅耳-基尔霍夫衍射积分方程。

具体应用到谐振腔中,可表示为

$$E_2(X_2,Y_2) = \frac{ik}{4\pi} \iint_{s_1} E_1(X_1,Y_1) \frac{e^{-ik\rho}}{\rho}(1+\cos\theta_1)ds_1 \tag{2.3.1}$$

其中,$E_1(X_1,Y_1)$、$E_2(X_2,Y_2)$分别为两个镜面上任意点 P_1、P_2 的光场的振幅;两点之间的距离为 ρ;θ 为两点连线与光轴的夹角(图 2.3.1)。

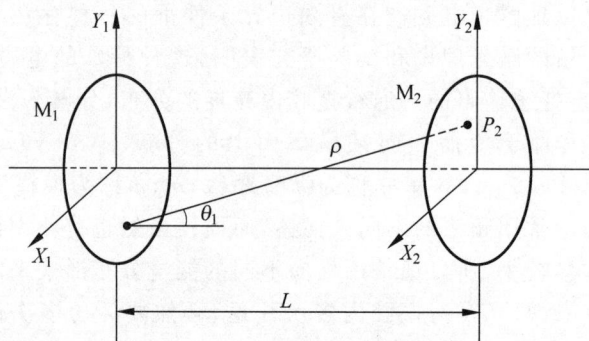

图 2.3.1 谐振腔结构参数示意图

在一般情况下,两镜面间距 L 远大于镜面的横向尺寸,故 θ 的变化范围总是很小,以致可令 $\cos\theta \approx 1$。按照同样的理由,积分表示式中的 ρ 可近似用 L 代替。式(2.3.1)可以简化为

$$E_2(X_2,Y_2) = \frac{ik}{2\pi L} \iint_{s_1} E_1(X_1,Y_1)e^{-ik\rho}ds_1 \tag{2.3.2}$$

由式(2.3.2)可以看到,只要知道了一个镜面上的光波场分布特征,就可以求出另一个镜面上的光波场分布。式(2.3.2)是一个本征方程,数学上可以证明,对于一些常见的光学谐振腔,式(2.3.2)存在一系列分立的本征函数 E_m 及其对应的本征值 γ_m。对于共焦球面腔,式(2.3.2)具有准确的解析函数解,而其他形式的谐振腔,数学上很难给出解析解,但是可以通过数值计算得到数值解。

对于方形镜共焦腔,本征方程的解可表示为

$$E_{mn}(X,Y) \approx C_{mn}H_m(\sqrt{2\pi N}X)H_n(\sqrt{2\pi N}Y)e^{-\pi N(X^2+Y^2)}$$

$$= C_{mn}H_m\left(\sqrt{\frac{2\pi}{b\lambda}}x\right)H_n\left(\sqrt{\frac{2\pi}{b\lambda}}y\right)e^{-\frac{\pi}{b\lambda}(x^2+y^2)} \tag{2.3.3}$$

其中,C_{mn} 为常数因子;H_m 和 H_n 是厄米多项式;场分布为厄米高斯分布,二维分布如图 2.3.2 所示。

对于圆形镜共焦腔,本征方程的解可表示为

$$E_{pl}(r,\phi) = R_{pl}(r)e^{-il\phi} \tag{2.3.4}$$

$$R_{pl} = C_{pl}\left(\sqrt{\frac{2\pi}{b\lambda}}r\right)^l L_p^l\left(\frac{2\pi}{b\lambda}r^2\right)e^{-\frac{\pi}{b\lambda}r^2} \tag{2.3.5}$$

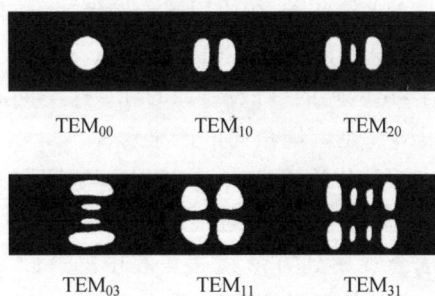

图 2.3.2　方形镜共焦腔的一些横模光斑图样

其中，C_{pl} 为一常数因子；L_p^l 为缔合拉盖尔（Laguerre）多项式；不同阶分布形式如图 2.3.3 所示。

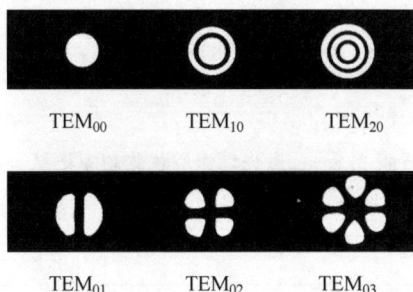

图 2.3.3　圆形镜共焦腔的一些横模光斑图样

【实验仪器】

He-Ne 激光放电管、激光电源、反射镜、准直激光器、激光功率计。

【实验内容】

1. 谐振腔调节及优化

按照 2.1 节实验中谐振腔的调节方法，将激光器调节出激光，并通过优化毛细管来提高激光输出功率，直到激光输出功率达到最大值。

2. 横模观测

在优化好谐振腔及毛细管并获得最大激光输出功率后，就可以进行激光横模模式观测。由于激光光束较小，为了能够获得方便观测的较大光斑，可将输出激光照射到 5m 以外的观察屏上，或者使用扩束镜、短焦透镜进行扩束，从而方便观测。在能够清晰观察到激光横模特征后，拍照或者手绘横模模式。

为了观察到多种不同的横模模式，可以通过微调平面镜调节旋钮，直到横模模式发生变化。一般在激光功率较大时，微调平面镜调节旋钮能够获得 2～4 种不同的横模模式。

对于气体放电的 He-Ne 激光器,在使用圆形腔镜时,按照圆形镜共焦腔理论,TEM_{00} 基模是比较容易获得的,另外 TEM_{01}、TEM_{02}、TEM_{03} 模式也会经常出现。但实验中很难观察到圆形共焦腔的 TEM_{10}、TEM_{20} 这类同心圆环形式的模式,这主要是由于气体放电,很难满足圆周角向的严格对称。

另外,方形镜共焦腔给出的 TEM_{10}、TEM_{11} 与圆形镜共焦腔的 TEM_{01}、TEM_{02} 模式分布非常相似,在模式辨别时很难分辨。虽然实验中用到的腔镜外形是圆形的,但实验中经常会观察到方形镜共焦腔中的 TEM_{20} 以及 TEM_{03} 模式。对于这种现象,可理解为虽然镜子外形是圆形的,但光束扩展的横截面具有方形的特点。在这种情况下对于方形镜和圆形镜共有的模式,辨认时可以强调一下是方形镜的什么模式或者是圆形镜的什么模式。

【数据与结果】

1. 谐振腔优化激光功率

将实验数据填入表 2.3.1。

表 2.3.1　激光谐振腔优化功率记录

优化过程 i	1	2	3	4	5	6	7
激光功率/mW							

2. 横模观测

将实验数据填入表 2.3.2。

表 2.3.2　激光器横模模式记录

	1	2	3	4
观测模式				
对应理论模式				
TEM_{mn} 类型				

【思考题】

(1) 在激光应用中,TEM_{00} 基模有什么应用场景?

(2) 在激光应用中,高阶模式有什么应用场景?

实验 2.4　激光纵模特性

　　激光的主要优点体现在单色性好、方向性好、相干性好、能量密度高等。这些优点都与激光谐振腔密不可分,谐振腔的主要作用是模式选择和提供正反馈,而这里提到的模式可以理解为电磁波在有限边界条件下的一种存在状态,专业术语叫作本征态。严格的激光理论和实验研究表明,这种特殊的电磁波模式是存在的,也是能够稳定持续输出的。通常把腔内光场的分布分解为沿着光传播方向的分布 $E(z)$ 和垂直于传播方向某横截面上的分布 $E(x,y)$,分别称为纵模(TEM$_q$)和横模(TEM$_{mn}$),这里 q 称为纵模序数,m、n 称为模横序数,q、m、n 均为正整数。

　　纵模通常用频率的不同来描述,不同纵模之间的频率差异非常小,要观察到这些纵模的差异,通常需要借助干涉仪,而且还要根据具体的谱线展宽和纵模差异大小而选择合适的干涉仪。

　　本实验在获得稳定激光振荡后,利用共焦球面干涉仪来观测纵模差异。为了获得多纵模振荡,要通过调节谐振腔的参数,获得不同数量的纵模振荡。然后观察、记录、分辨不同的纵模模式,并与理论结果进行对比,从而加深对激光纵模特性的理解和认识,理解不同纵模在不同应用中的作用。

【实验目的】

(1) 理解激光纵模的物理意义。

(2) 掌握激光器纵模观察的实验方法。

(3) 掌握纵模的分辨和测量。

【实验原理】

1. 纵模

谐振腔的作用之一是提供正反馈,即光束在来回反射过程中要满足干涉相长的条件,在谐振腔中往返的光束应满足驻波条件,即光束从一点出发经过一个来回而回到原点时,应与初始波同相位,即相位差为 2π 的整数倍,如图 2.4.1 所示。

$$\Delta\phi = k \cdot z = \frac{2\pi}{\lambda}2\eta d = 2\pi q,\text{或者}\ \nu_q = q\frac{c}{2\eta d} \tag{2.4.1}$$

从式(2.4.1)可以确定相邻模式的频率(纵模)间隔 $\Delta\nu_q$ 为

$$\Delta\nu_q = \nu_{q+1} - \nu_q = \frac{c}{2\eta d} \tag{2.4.2}$$

对于气体激光器,$\eta = 1$,如果腔长 $d = 10\text{cm}$,则纵模间隔 $\Delta\nu = 1.5 \times 10^9\,\text{Hz}$。这个频率与激光频率相比相差很多,换算成波长差异却很小,$\Delta\lambda = 0.002\text{nm}$,很难用单

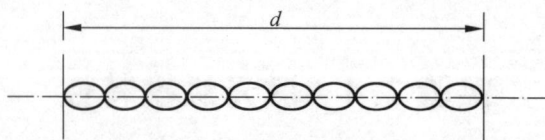

图 2.4.1 谐振腔结构参数示意图

色仪观察,需要用到干涉仪。He-Ne 激光器中发光的原子为 Ne 原子,Ne 原子自发辐射的光谱线宽约 1.5×10^9 Hz。也就是说 10cm 的谐振腔中只可能有一个纵模,所以常见的准直用 He-Ne 激光管都是比较短的,可以实现单纵模、单基模振荡输出。

通常实验中谐振腔的长度都比较长,按照纵模间隔的定义,30cm 的腔长最多会有 3 种频率的激光振荡,即 3 个纵模振荡;80cm 的腔长最多会有 8 种频率的激光振荡,即 8 个纵模振荡。而实际激光器工作时并不会这么严格地符合这个结论,一方面激光振荡的频率之间存在竞争关系,一旦某几个频率获得振荡,就会抑制其他频率的振荡;另一方面,激光器输出往往以最少的纵模振荡为目标,多纵模振荡并不是最优选择。

2. 共焦球面干涉仪

为了能够观察到不同纵模之间较小的频率差异,通常使用精度更高的干涉仪。从谐振腔理论可以看到,对于一定腔长的谐振腔,只有特定的频率能够满足干涉增强。共焦干涉仪和谐振腔的原理一样,满足一定条件的频率才能有最大的透过率,这个频率就是干涉仪的共振频率,它取决于相邻相干光束的光程差。光程差正比于共振腔腔长,因而干涉仪透过波长是腔长的线性函数。若线性地改变腔长就可对波长进行线性扫描。干涉仪的透过光经光电转换,光源的频谱分布则可直接显示在示波器的荧光屏上或记录器上。为了能让腔长在波长量级变化,通常在共焦腔的一个腔镜上加装压电陶瓷,然后用锯齿波电压来周期性驱动压电陶瓷,从而使腔长周期性变化。

干涉仪能分辨的最小频差,除与腔长的选择有关,还与反射镜的反射率、干涉仪调整精度、腔内损耗等有关。反射镜的反射率越高、调整精度越高、腔内损耗越小,则带宽越窄。为了分辨相隔很近的谱线,要求干涉仪有足够窄的带宽。

【实验仪器】

He-Ne 激光放电管、激光电源、反射镜、准直激光器、激光功率计。

【实验内容】

1. 谐振腔调节及优化

按照 2.1 节实验中谐振腔的调节方法,将激光器调节出激光,并通过优化毛细管来提高激光输出功率,直到激光输出功率达到最大值。

2. 纵模观测

实验时,为了能观测到较多的纵模,按照每 10cm 一个纵模的理论估计,结合谐振腔稳定性条件给出的最大腔长,可将谐振腔长度尽量设置较大。同时为了在光学轨道上安装干涉仪,要根据干涉仪的长度,在轨道末端预留出一定距离。然后调节激光器出光,并优化好谐振腔及毛细管并获得最大激光输出功率。

将扫描干涉仪安装到输出镜一端的轨道上,调节干涉仪入光孔的角度,让激光能够进入干涉仪,然后调节干涉仪两个镜面的调节螺丝,使激光能够通过干涉仪后在输出端输出光束。光路调整好后,给干涉仪接通电源,信号端和干涉仪扫描端分别接到示波器的 XY 挡,时间旋钮选择到 XY 模式。

实验装置的布置如图 2.4.2 所示,激光器出来的光束通过小孔光阑进入干涉仪,干涉仪在锯齿波电压的驱动下进行线性扫描,不同频率的光波在不同的电压下产生相干极大而输出,光信号通过光电二极管接收进入示波器 Y 通道,X 通道为扫描电压信号。观测时可以用 X-Y 模式或者 Y-T 模式进行测量。

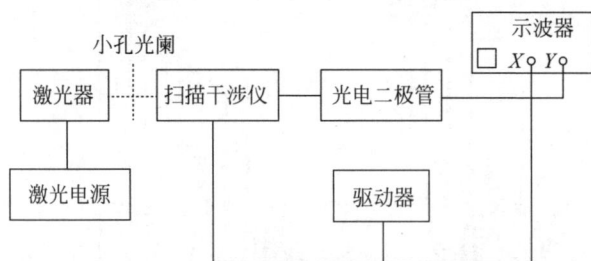

图 2.4.2 激光纵模观测实验布置图

测量最大腔长,按照每 10cm 一个纵模的理论估算,计算出纵模可能的最大数量。实验中为了获得最大的纵模数量,要仔细调节干涉仪两个镜面的调节旋钮,然后观察示波器输出结果,在调节过程中可以观察到不同数量的纵模变化,随时记录不同纵模数时的波形图(图 2.4.3)。

3. 纵模间隔计算

由谐振腔理论可知,纵模间隔满足式(2.4.2),测量出腔长后可以计算得到本次实验中不同纵模的频率差异,即纵模间隔。为了与实验中观察到的纵模进行对比,需要对实验图形进行数值化处理。当然如果使用的是数字示波器,也可以直接从图中读取相应数值,从而计算出纵模间隔。无论使用的是何种示波器,直接从纵模图中是不能得到纵模间隔

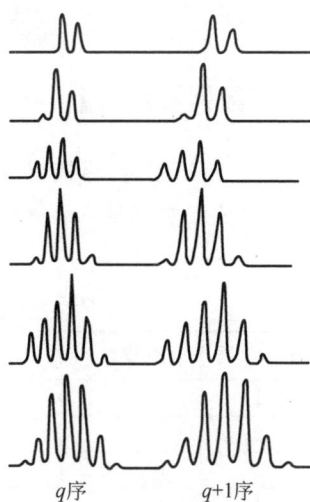

图 2.4.3 示波器观察到的激光
纵模频谱图

的,因为示波器波形中给出的图形不能直接代替频率或者波长。此时,需要借助干涉仪的参数来进行相对定标。干涉仪在制造时,除前面提到的能分辨的最小频差,还有一个参数是自由光谱区(FSR)的大小,这个值是根据研究对象不同而设计的,本实验用干涉仪的 FSR=2.5GHz。对于 He-Ne 激光器,由于 Ne 原子的自发辐射谱展宽约 1.5GHz,所以 He-Ne 激光的纵模间隔肯定要小于这个值。实验中根据所选用的干涉仪的 FSR 宽度要大于这个谱线展宽。计算纵模间隔时,从示波器干涉图上选取两个连续序列的干涉图样,如图 2.4.4 所示,扫描锯齿波的周期 T 对应干涉仪的 FSR 范围,然后在任一个干涉序列中,测量相邻两个或多个峰值之间的间隔 Δt,然后按照 FSR $* \Delta t / T$ 换算出单个或多个纵模间隔。

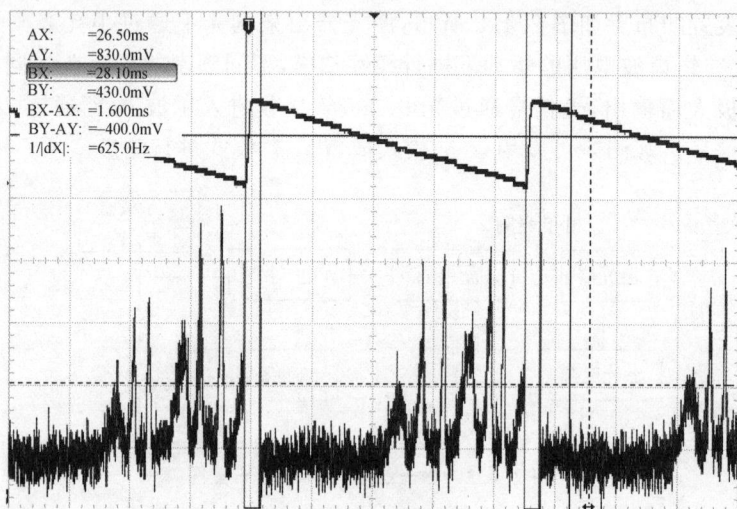

图 2.4.4 纵模测量

【数据与结果】

1. 腔长固定,纵模观测及测量

将实验数据填入表 2.4.1。

表 2.4.1 腔长固定时纵模特性

腔长 $L=$_____,理论纵模间隔:_____,干涉仪 FSR:_____

序　号	纵模数	相邻序列宽度 T	序列内纵模宽度 Δt	纵模间隔 FSR $* \Delta t / T$
1				
2				
3				
4				
5				

2. 不同腔长,纵模观测及测量

将实验数据填入表 2.4.2。

表 2.4.2　腔长固定时纵模特性

序号	腔长	理论纵模间隔	实际纵模间隔
1			
2			
3			

【思考题】

(1) 根据实验中激光纵模的概念,你还能联想到其他场合类似的现象有哪些?

(2) 对一个激光器来说,纵模数是多好,还是少好,为什么?

实验 2.5　波长选择

　　He-Ne 激光器是最早研究的激光器中气体激光器的代表,早期获得的激光波长在红外波段,常用的 He-Ne 激光器是以波长 632.8nm 为代表的红光激光。由于 Ne 原子中激光上下能级具有丰富的子能级,因此 He-Ne 激光器能输出的波长比较丰富,除了红色的激光输出,还可以输出绿色的激光。在红色激光 632.8nm 附近,还有多条波长非常接近的激光可以获得振荡。

　　本实验在获得稳定激光振荡后,利用双折射晶体在腔内进行波长选择,从而获得不同波长的激光振荡。然后观察、记录、分辨不同的波长的输出功率、模式分布等,并与理论结果进行对比,从而加深对激光振荡特性的理解和认识。

【实验目的】

(1) 理解激光振荡的物理意义。
(2) 掌握激光器波长选择的实验方法。

【实验原理】

1. 多波长振荡

　　谐振腔的作用之一是提供正反馈,即光束在来回反射过程中要满足干涉相长的条件,在谐振腔中往返的光束应满足驻波条件,即光束从一点出发经过一个来回回到原点时,应与初始波同相位,即相位差为 2π 的整数倍。只有满足驻波条件的特定波长才能在谐振腔中稳定振荡,图 2.5.1 为驻波模型示意图。

$$\Delta\phi = k \cdot z = \frac{2\pi}{\lambda} 2\eta d = 2\pi q \tag{2.5.1}$$

$$\nu_q = q \frac{c}{2\eta d} \tag{2.5.2}$$

$$\lambda_q = \frac{1}{q} 2\eta d \tag{2.5.3}$$

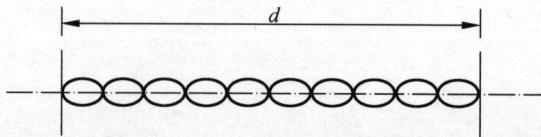

图 2.5.1　腔内驻波模型示意图

　　He-Ne 激光器中发光原子为 Ne 原子,激光上下能级都是多重态组合,因此可能的跃迁通道就比较多,只要谐振腔选择合适,这些波长都有可能获得激光振荡。

表 2.5.1 给出了 Ne 原子激发态之间的跃迁数据及波长,从表中可以看到, 632.8nm 波长的激光增益最大,也是 He-Ne 激光通常输出的波长。

表 2.5.1 氖原子激光谱线相关参数

跃迁通道	波长/nm	自发辐射概率/$10^8 \mathrm{s}^{-1}$	增益/(%/m)
3s2-2p2	640.1	0.0139	4.3
3s2-2p3	635.2	0.00345	1.0
3s2-2p4	632.8	0.0339	10.0
3s2-2p5	629.4	0.00639	1.9
3s2-2p6	611.8	0.00226	1.7
3s2-2p7	604.6	0.00200	0.6

2. 双折射晶体

在各向异性晶体中,折射率在不同方向有所差异,导致入射光进入晶体后会分裂成两条输出光线,不改变传播方向的称为 o 光,改变方向的称为 e 光,如图 2.5.2 所示。

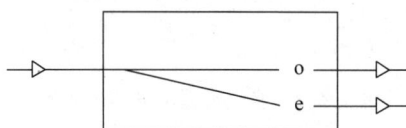

图 2.5.2 晶体双折射示意图

将双折射晶体做成具有一定厚度的薄片,插入谐振腔内部(图 2.5.3),当不同的波长以不同的角度穿过双折射晶体时,会引起不同的相位差,在某一角度下只有特定的波长其相位差能够满足 2π。也就是在同一角度下,不同的波长的透过率是不同的,为了获得某个波长的振荡,则该波长的透过率应尽量最大。

$$\delta(\theta) = \frac{2\pi}{\lambda} \cdot 2 \cdot d \cdot [n_0 - n_{e0}(\theta)] = 2\pi \tag{2.5.4}$$

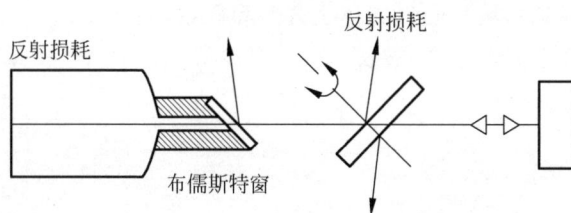

图 2.5.3 晶体双折射实验布置示意图

【实验仪器】

He-Ne 激光放电管、激光电源、反射镜、准直激光器、激光功率计、光谱仪。

【实验内容】

1. 谐振腔调节及优化

按照 2.1 节实验中谐振腔的调节方法,将激光器调节出激光,并通过优化毛细管来提高激光输出功率,直到激光输出功率达到最大值。

2. 波长选择

当激光获得振荡后,用光谱仪测量激光波长。为了获得不同波长的振荡,在谐振腔内部将双折射晶体固定在导轨上,使晶体表面垂直光轴,在垂直面旋转晶体,使激光重新获得振荡,用光谱仪记录波长数据。改变晶体与光轴的角度,缓慢向一个方向旋转晶体,在旋转过程中激光振荡会消失,当转动到某个角度时,激光会重新振荡,记录此时转动的角度和激光波长。按此方法,记录多个可能的激光波长数据。表 2.5.1 中列出了 6 条可能的振荡谱线,实验中应尽可能获得多条振荡波长。

【数据与结果】

波长选择

将实验数据填入表 2.5.2。

表 2.5.2　激光振荡波长实验数据

晶体厚度 $d =$ _____

序号	旋转角度 $\theta/(°)$	振荡波长/nm
1		
2		
3		
4		

【思考题】

(1) 波长选择和多波长激光有什么区别和联系?

(2) 对于一个激光器来说,波长多好还是少好?

实验2.6 半导体泵浦固体激光器

第一台激光器是梅曼发明的红宝石激光器。红宝石激光器必须以脉冲光激励才能输出激光,属于激光系统里的三能级系统,激光振荡阈值较高,效率不是很高。为了更好地利用固体激光的优势,研究人员创造出了可以连续输出激光的多种激光晶体,使得泵浦阈值条件大大下降,激光效率大幅提升。半导体泵浦固体激光器(diode-pumped solid-state laser, DPSSL)是采用半导体激光器作为泵浦源,以掺杂的晶体等固体材料作为增益介质的激光器。它由于具有结构紧凑、电光转换效率高、光束质量好、可靠性高等优点,成为当前激光技术发展的主要方向之一。

【实验目的】

(1) 了解固体激光的工作特性。

(2) 掌握半导体泵浦固体激光器的结构与激光输出条件。

(3) 掌握搭建半导体泵浦固体激光器光路的方法。

【实验原理】

1. 半导体泵浦固体激光器

固体激光的工作物质多采用在晶体或玻璃体中掺杂三价稀土元素离子,常见的有铬离子(Cr^{3+})、钕离子(Nd^{3+})、铒离子(Er^{3+})、钬离子(Ho^{3+})、铥离子(Tm^{3+})等。其中 Nd^{3+} 是研究和应用最为广泛的激光材料掺杂离子,Nd^{3+} 在 808nm 谱线附近有一个吸收峰,这与高功率 AlGaAs 半导体激光器的输出光谱能很好地匹配。

用于半导体泵浦固体激光器的掺杂 Nd^{3+} 材料主要有 Nd^{3+}:YAG 晶体和 Nd^{3+}:YVO_4 晶体。Nd^{3+}:YAG 晶体是固体激光器里最常用的材料。相比于 Nd^{3+}:YAG 晶体,Nd^{3+}:YVO_4 晶体上能级寿命短,在 1064nm 和 1342nm 处有更大的受激发射截面,并在 808 nm 附近有更大的吸收带宽和吸收系数,因此有利于半导体泵浦产生低阈值、高效率的 1064nm 和 1342nm 激光。本实验选用 Nd^{3+}:YVO_4 材料,实验中使用的泵浦光源即 808nm 半导体激光器。

在半导体泵浦固体激光器中最常被采用的两种典型的泵浦方式为侧面泵浦与端面泵浦,因此根据泵浦方式不同,激光器结构也分为两种。本实验中的半导体泵浦固体激光器采用端面泵浦,其结构即图 2.6.1 中所示的端面泵浦结构。结构包含 3 部分。①泵浦源及端面耦合系统:半导体激光器,即图 2.6.1 中激光二极管、耦合透镜和聚焦透镜。②固体激光器增益介质:Nd^{3+}:YVO_4 激光晶体(laser crystal)。③谐振腔:由图 2.6.1 中激光晶体的左侧端面和输出镜(output lens)所组成。

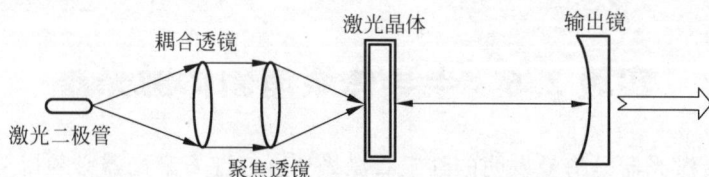

图 2.6.1　激光二极管端面泵浦固体激光器结构

本实验中 Nd^{3+}：YVO_4 激光晶体采用单面镀膜,对泵浦光起增透膜作用,对输出激光起全反射作用,这个面作为谐振腔的平面反射镜。曲率半径 200mm 的凹面镜镀激光部分反射膜作为输出镜,形成如图 2.6.2 所示的典型平凹腔型结构。这种平凹腔容易形成稳定的输出模,同时具有高的光转换效率,但要能稳定输出激光,还必须满足稳定腔条件和模式匹配条件。

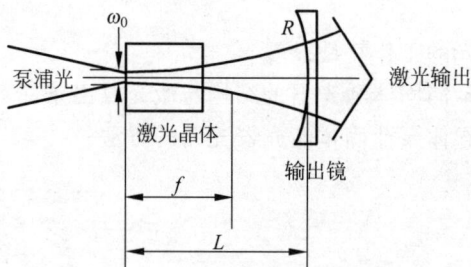

图 2.6.2　端面泵浦的激光谐振腔结构

2. 谐振腔调节

(1) 调节准直激光水平。

如图 2.6.2 所示的端面泵浦激光谐振腔是一种半开腔结构,激光晶体的一个面要充当谐振腔的平面镜。本实验固体激光晶体固定在金属散热架上,再通过固定底座固定在导轨上,其相对位置不能调节,谐振腔的调节要依靠准直激光进行调节,因此准直激光的调节将极大地影响谐振腔的调节。

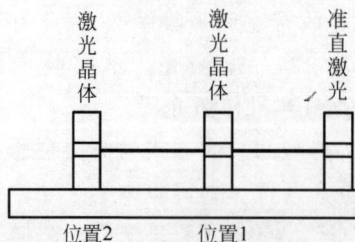

图 2.6.3　准直激光调节示意图

将准直激光固定在导轨的一端,激光晶体 Nd^{3+}：YVO_4 固定在导轨上,如图 2.6.3 所示。首先将激光晶体固定在准直光源前约 80mm 处(位置 1),调节准直光源的四维调节旋钮,使准直激光照射在激光晶体中心,可在激光晶体后用功率计测量功率,以功率最大为判断依据。

接着将激光晶体移动到泵浦光源前约 70mm 处(位置 2),继续调节准直光源的四维调节旋钮,使准直光源的光再次打在激光晶体中心,同样可在激光晶体后用功率计测量功率,以获得最大功率为参考。此时准直激光的水平定位调节完毕,此后调节过程中不再调节准直激光,从导轨上取下激光晶体。

（2）调节耦合镜与准直激光垂直。

在导轨的另一端固定耦合聚焦镜（简称耦合镜）（图2.6.4）,连接输出泵浦光的光纤,打开准直激光,此时不再调节准直激光,调节耦合镜的四维调节旋钮,使准直激光打在耦合镜中心,同时使反射回准直激光的光斑照射到准直激光的出光口。此调节的要求不高,先进行粗调即可。

（3）调节晶体位置。

在耦合镜后方约20mm附近固定Nd^{3+}：YVO_4激光晶体底座,把晶体镀有808nm高透膜和1064nm高反膜的一面朝向耦合镜。关闭准直激光,开启泵浦光源,电流调至1A,调节Nd^{3+}：YVO_4晶体底座离耦合镜的水平距离,使泵浦光的聚焦点处于激光晶体前表面处,如图2.6.1所示。调节耦合镜的上下左右

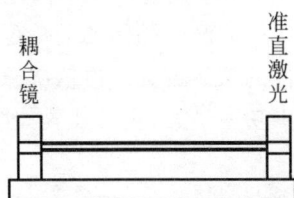

图 2.6.4　耦合镜调节示意图

调节旋钮,使泵浦光照射在晶体前表面的中心。用红外显色卡在晶体后观察,保证出射光斑为完整的圆形。

（4）调节输出镜。

在激光晶体后插入$T=3\%$输出镜,输出镜的镀膜面朝向激光晶体Nd^{3+}：YVO_4的方向,用红外显色卡观察泵浦源的圆形光斑是否能覆盖输出镜,若光斑偏离中心较多,则重新调节耦合镜。若能覆盖输出镜,则关闭泵浦源,打开准直光源,调节输出镜与激光晶体间距离小于100mm,调节输出镜的俯仰偏摆旋钮使反射回准直激光的光斑能够回到准直激光出光口,如图2.6.5所示。此调节粗调完成即可,关闭准直激光。

（5）按图2.6.6组装好各个部件后,将泵浦源电流调整到1.5A,微调输出镜俯仰偏摆,在输出镜后用功率计测量,直到获得最大功率读数,无激光输出时功率较小,约20mW,激光振荡后功率会大于100mW。

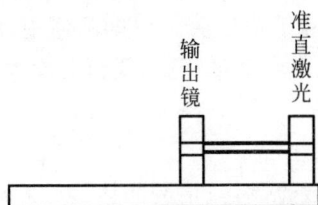

图 2.6.5　输出镜调节示意图

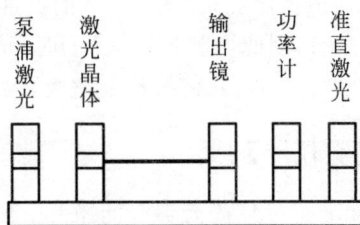

图 2.6.6　实验装配图

如果激光一直不能振荡,此时松开激光晶体的固定螺丝,调节激光晶体的前后位置,观察功率计读数变化,当读数大于 100mW 时,再慢慢将激光晶体固定在这个位置,记录激光输出功率。

(6) 激光光斑位置优化调节。

用红外显色卡观察激光小亮斑是否在大光斑的中心附近,若不在中心附近,则分别调节泵浦光和输出镜的俯仰和偏摆,把亮斑调到中心附近,如图 2.6.7 所示,为后续实验提供方便。

(7) 激光输出功率优化调节。

微调激光晶体的前后位置,观察激光功率变化,找出最佳的聚焦位置。再依次微调耦合镜、输出镜的旋钮,使输出功率最大,实验装置如图 2.6.8 所示。

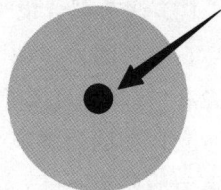

图 2.6.7　红外显色卡显示激光光点

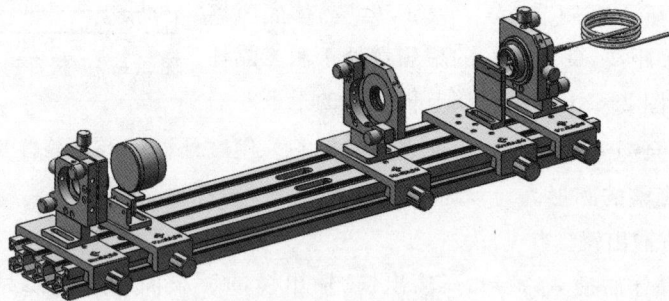

图 2.6.8　实验装配图

3. 谐振腔的稳定性

和 He-Ne 激光器一样,开腔形式的固体激光器也可以用来研究谐振腔的稳定性,当谐振腔中的 g 参数满足 $0 < g_1 \cdot g_2 < 1$ 时为稳定腔,其中,

$$g_1 = 1 - \frac{L}{R_1} \tag{2.6.1}$$

$$g_2 = 1 - \frac{L}{R_2} \tag{2.6.2}$$

其中,L 为谐振腔腔长;R_1 为平面镜曲率半径;R_2 为凹面镜曲率半径。R_1 无穷大,则 $g_1 = 1$,因此当腔长 $L < R_2$ 时,该谐振腔属于稳定腔。根据几何损耗,当腔长大于 200mm 时,几何损耗会增大,因此转换效率会降低,激光阈值会增大。

【实验仪器】

808nm 半导体激光器泵浦激光、准直激光、激光晶体、倍频晶体、调 Q 晶体、激光功率计、谐振腔凹面反射镜($T = 3\%$、$T = 8\%$)、四维调整架、光纤耦合聚焦镜头、红外显色卡。

【实验内容】

1. 谐振腔调节及优化

依据上面的谐振腔调节步骤和方法,组装半导体激光泵浦的固体激光器,并调节谐振腔使激光振荡,优化谐振腔各参数,获得最大的激光输出功率。

2. 谐振腔稳定性测试

本实验中的谐振腔为平凹腔结构,凹面镜的曲率半径为 200mm,其稳定的谐振腔长度最大为 200mm,腔长超过 200mm 就变成非稳定谐振腔。实验中保持泵浦源功率不变,通过改变输出镜的位置从而改变激光器的腔长,从小到大地增大谐振腔长度,记录激光功率,直至激光停止振荡,记录最大腔长,分析谐振腔的稳定性和激光输出功率的关系。

这个内容主要是研究腔长和稳定性的关系,观测谐振腔从稳定到非稳定变化过程,以及在非稳定条件下激光器是否还能振荡并获得激光输出,一般选择的泵浦功率比较大,因此在每次腔长变化后可以重新微调谐振腔以使输出激光功率达到最大值。

实验目的是对谐振腔的稳定性有个实验上的定量认识,同时结合理论分析,明确谐振腔稳定性的物理意义。实验上在谐振腔进入非稳腔后仍然会有激光振荡输出,只是效率有所下降,所以也要认识到非稳腔并不是不能实现激光振荡。在实际应用中,在某些特殊的激光器上,就是要利用非稳腔的特性来提高激光输出的光束质量,虽然效率有所降低。

3. 腔长与阈值的关系

谐振腔的稳定性本质上还是谐振腔的损耗问题,当谐振腔从稳定腔变化到非稳腔后,谐振腔的损耗会明显增大,而增益介质的增益是有限的,根据激光振荡理论,当激光介质的增益大于谐振腔损耗时,才会有激光输出。半导体泵浦的固体激光器其增益主要来源于泵浦光的功率,而不同腔长对应的谐振腔损耗也是不同的,研究腔长和泵浦光阈值功率的关系,能更加深入地理解谐振腔的损耗和谐振腔几何参数之间的关系。

【数据与结果】

1. 谐振腔调节及优化

在表 2.6.1 中记录激光器的谐振腔参数,按照实验原理 2 的调节方法,调节激光器出光,分析优化过程,掌握光学元件调节方法。

表 2.6.1　谐振腔参数优化

	曲率半径	对泵浦光的反射率	对激光的反射率	腔长	最大功率
平面镜					
凹面镜					

2. 谐振腔稳定性

参照实验原理 2 的调节方法,使用 $T=3\%$ 或者 $T=8\%$ 输出镜,保持泵浦源功率不变,通过改变输出镜的位置从而改变激光器的腔长。在表 2.6.2 中记录不同腔长下的 1064nm 激光最大输出功率。

表 2.6.2 不同腔长的激光功率

腔长/mm	100	120	140	160	180	200	220	240
1064nm 激光功率/mW								

利用上面的测量结果,绘制出腔长与输出功率的关系曲线,分析腔长对输出功率的影响。

3. 腔长与阈值关系研究实验

参照实验原理 2 的调节方法,使用 $T=3\%$ 或者 $T=8\%$ 输出镜,通过改变输出镜的位置从而改变激光器的腔长,在不同腔长下测量 1064nm 激光的泵浦阈值并填入表 2.6.3 中。阈值的判断方法是通过红外显色卡刚好可以观察到 1064nm 亮斑时的泵浦功率。

表 2.6.3 谐振腔长与阈值电流的关系

腔长/mm	100	120	140	160	180	200	220
阈值电流/A							

绘制腔长与阈值电流的关系曲线,分析腔长对阈值的影响。

【思考题】

(1) 用半导体激光器来泵浦晶体产生激光,为什么不直接使用半导体激光器来产生相应波长呢?

(2) 半导体激光器泵浦固体激光有什么优势?

实验 2.7 固体激光倍频技术

在激光出现之前,人们认为光学介质均为线性介质,并得出了许多线性光学范畴的结论,例如折射率、吸收系数与入射光强无关,光在介质中传播时满足线性叠加原理、独立传播原理,光在传播过程频率不变等。直到激光出现后,由于激光的相干性、高亮度特点,出现了许多之前不曾发现的光学现象,光与物质相互作用的理论也进一步得到发展,例如折射率会随光强而改变,线性叠加原理不再适用,光穿过介质时频率会发生变化,吸收系数会改变等。这些现象称为光学介质的非线性,研究讨论光学介质非线性特性的理论就是非线性光学。非线性光学效应有二阶、三阶非线性效应,其中倍频现象属于二阶非线性效应,即一束光通过非线性介质后会出射频率加倍的光。

本实验是通过倍频晶体将 Nd^{3+} : YVO_4 输出的 1064nm 红外激光倍频成 532nm 绿色激光。倍频效应是一种特殊的非线性现象,更普遍的是合频、差频、混频。对于不同的波长,要用特定的倍频晶体来进行倍频,倍频也是获得短波长激光的一种有效方法。

【实验目的】

(1)了解固体激光器倍频的基本原理。
(2)掌握腔内倍频技术及其意义。

【实验原理】

1. 非线性光学效应

当电场 E 施加到电介质材料时将引起极化效应,介质对电场的响应可用介质的极化强度矢量 P 来描述,在入射光的电场强度比较小时(比原子内的场强小,原子内场约 $10^7 V/m$),P 与 E 呈线性关系,$P = \varepsilon_0 \chi E$,这里 χ 表示线性极化系数,通过介质的光波与入射光具有相同的频率。

当入射光的电场较强,如激光入射时,其电场的强度可与原子内场相比,此时材料中不仅有线性现象,而且非线性现象也不同程度地表现出来。此时 P 与 E 的关系为

$$P = \varepsilon_0 (\chi_1 E + \chi_2 E^2 + \chi_3 E^3) \tag{2.7.1}$$

其中,χ_1、χ_2、χ_3 分别表示线性极化系数、二阶、三阶非线性极化系数。在一般情况下,每增加一阶极化阶数,χ 减少 7~8 个数量级,因此高阶系数对 P 的贡献可以忽略。

2. 激光倍频原理

当足够强的激光作用于非线性光学材料上时，极化矢量可表示为

$$P = \varepsilon_0 (\chi_1 E \sin\omega t + \chi_2 E^2 \sin^2\omega t + \chi_3 E^3 \sin^3\omega t)$$

$$= \varepsilon_0 \chi_1 E \sin\omega t + \frac{1}{2}\varepsilon_0 \chi_2 E^2 (1 - \cos2\omega t) + \frac{1}{4}\varepsilon_0 \chi_3 E^3 (3\sin\omega t - \sin3\omega t)$$

$$(2.7.2)$$

其中，$\varepsilon_0 \chi_1 E \sin\omega t$ 代表线性电介质的极化反应，第二项含有两个分量，其中 $-\frac{1}{2}\varepsilon_0 \chi_2 E^2 \cos2\omega t$ 分量正是入射波频率二倍的电场的极化变化，说明单一频率 ω 的激光作用在光学材料上产生了二倍频 2ω 或称二次谐波产生（SHG）现象，暂忽略三次谐波。

3. 相位匹配条件

倍频效率是指基频光转换为倍频光的效率，表示为

$$\eta = \frac{P(2\omega)}{P(\omega)} \tag{2.7.3}$$

其中，$P(2\omega)$ 表示倍频光功率；$P(\omega)$ 表示基频光功率。

要获得最大的倍频效率，则基频光与倍频光需要满足相位匹配，即相位匹配条件要求 $n_\omega = n_{2\omega}$。一般光学介质的折射率随频率而变，频率高的光波折射率高，即 $n_\omega < n_{2\omega}$。为了满足相位匹配条件，可采用角度相位匹配和温度相位匹配两种技术。本实验采用角度相位匹配技术，利用双折射晶体对 o 光（寻常光）和 e 光（非寻常光）的折射率不相同来抵偿介质色散效应，从而使介质 $n_\omega = n_{2\omega}$。

4. 晶体双折射

如图 2.7.1 所示，入射光在双折射晶体内部折射时，会分成 o 光和 e 光，对应折射率 n_o、$n_e(\theta)$，其中 e 光的折射率随入射角度变化，并满足下式：

$$\frac{1}{n_e^2(\theta)} = \frac{\sin^2\theta}{n_e^2} + \frac{\cos^2\theta}{n_o^2} \tag{2.7.4}$$

或

$$n_e^2(\theta) = \frac{n_e^2 n_o^2}{n_o^2 \sin^2\theta + n_e^2 \cos^2\theta}$$

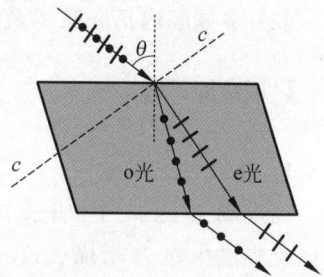

图 2.7.1 双折射晶体内部光传播示意

其中，n_e 是 $\theta = 90°$ 时 $n_e(\theta)$ 的值。

若 $n_e < n_o$，则这种双折射晶体称作负单轴晶体；若 $n_o < n_e$，则这种双折射晶体称作正单轴晶体。如果晶体中有两个光轴，就是双轴晶体，同理也有正双轴晶体和负双轴晶体。本实验中所使用的 $KTiOPO_4$（KTP）晶体为负双轴晶体。

5. 角度相位匹配原理

1）单轴晶体

双折射角度相位匹配原理就是调节入射光波矢与晶体光轴 c 之间的夹角 θ，通

过改变倍频光的折射率 $n_e(2\omega,\theta)$ 使之满足 $n_e(2\omega,\theta_m)=n_o(\omega)$，这个条件称为第一类匹配条件。将这个条件代入式(2.7.4)，即可求出匹配角的表达式：

$$\sin^2\theta_m=\frac{n_o^2(\omega)-n_o^2(2\omega)}{n_e^2(2\omega)-n_o^2(2\omega)} \tag{2.7.5}$$

第二类匹配条件是 $n_e(2\omega,\theta_m)=\dfrac{1}{2}\left[n_e(\omega,\theta_m)+n_o(\omega)\right]$，代入式(2.7.4)，可得匹配角条件为

$$\left[\frac{\cos^2\theta_m}{n_o^2(2\omega)}+\frac{\sin^2\theta_m}{n_e^2(2\omega)}\right]^{-1/2}=\frac{1}{2}\left\{n_o(\omega)+\left[\frac{\cos^2\theta_m}{n_o^2(\omega)}+\frac{\sin^2\theta_m}{n_e^2(\omega)}\right]^{1/2}\right\} \tag{2.7.6}$$

当且仅当上述公式满足 $n_e^{2\omega}\leqslant(n_o^\omega+n_e^\omega)/2$ 条件时才有第二类相位匹配角 θ_m 的解。此条件比较复杂，实际实验时，首先是要选用符合条件的倍频晶体，然后通过实验中旋转晶体来获得倍频光。

2) 双轴晶体

双轴晶体也有正双轴晶体和负双轴晶体，其相位匹配比较复杂，这里简单介绍实验中用到的 KTP 晶体。KTP 属于负双轴晶体，倍频时一般采用第二类角度相位匹配。由于 KTP 晶体包含 2 个光轴，e 光折射率椭球为 θ 和 ϕ 的二元函数，所以其只有当 θ 和 ϕ 均达到相位匹配角 θ_m 和 ϕ_m 时，才能实现相位匹配条件。由计算可知，室温条件下其匹配角为 $\theta_m=90°$，$\phi_m=23.6°$，因此用 KTP 晶体进行倍频时，需要先保证 $\theta_m=90°$，这个实验中要保证激光垂直照射在晶体上即可。然后再旋转晶体调节 ϕ_m 至合适的角度，才能得到高效的倍频。

【实验仪器】

808nm 半导体激光器泵浦激光、准直激光、激光晶体、倍频晶体、激光功率计、谐振腔凹面反射镜（$T=3\%$、$T=8\%$）、四维调整架、光纤耦合聚焦镜头、红外显色卡。

【实验内容】

1. 倍频实验

参照前面实验的调节方法，调出 1064nm 激光，并把光路调到最佳状态（即输出功率最大，小亮斑在大光斑的中心附近）。注意，晶体和输出镜之间的距离要多预留一些，后续步骤需要加入 KTP 倍频晶体。

(1) 在激光能正常输出的条件下，关闭泵浦光源，打开准直激光，在准直激光和输出镜之间插入 KTP 倍频晶体，调节 KTP 倍频晶体上下和左右位置，使准直激光能够照在晶体中心（此调节过程中其他器件均不要调节）。

(2) 关闭准直激光，打开泵浦电源，调节泵浦功率到最大，将 KTP 倍频晶体重新固定到激光晶体和输出镜之间，旋转 KTP 倍频晶体，直到调出 532nm 绿色激

光,即完成倍频。如果多次旋转仍不能输出绿色激光,则可再次重复步骤(1)的过程。

2. 最佳倍频效率调节及测量

细调 KTP 倍频晶体和输出镜,继续优化光路。用功率计(调到测量 532nm 档位)测量功率,使 532nm 的绿光输出功率达到最大值。

【数据与结果】

1. 谐振腔优化激光功率

将实验数据填入表 2.7.1。

表 2.7.1　谐振腔优化激光功率

优化过程 i	1	2	3	4	5	6	7
激光功率/mW							

分析优化过程,掌握光学元件调节方法。

2. 最佳倍频效率调节及测量实验

泵浦功率待测试完成后再将泵浦电流调节到相应值进行测量,电流改变时可先大范围变化,找出输出功率由小到大,再由大到小的转折点,然后在转折点附近慢慢改变电流进行测试,将实验数据填入表 2.7.2,计算出最佳倍频效率并分析。

表 2.7.2　最佳倍频效率测量

序号	泵浦电流/A	泵浦功率/mW	输出功率/mW	倍频效率/%
1				
2				
3				
4				
5				
6				
7				
8				
9				
10				

【思考题】

(1) 用倍频效应来产生激光,效率不高,为什么还要这样做呢?

(2) 倍频效应是将长波长的光变成短波长的光,光子的能量增大了,这如何理解?违反能量守恒吗?

实验 2.8 固体激光调 Q 技术

利用调 Q 技术可以得到稳定可靠的脉冲激光,这种脉冲激光在测距、通信系统、远程传感、高速全息照相、军事、医疗等方面具有广泛应用。采用固体饱和吸收体的被动调 Q 激光器具有调节方便、稳定可靠、结构简单等优点,在小功率激光器中得到广泛使用。本实验采用的 Cr^{4+}:YAG 是一种用于被动调 Q 的可饱和吸收体,它结构简单、使用方便、无电磁干扰,可获得峰值功率大、脉冲宽度小的巨脉冲。

【实验目的】

(1) 了解固体激光器被动调 Q 的工作原理。
(2) 掌握被动调 Q 固体激光器的搭建方法。
(3) 掌握调 Q 激光器时间特性的相关参数的测量方法。

【实验原理】

1. 激光调 Q 基本原理

调 Q 技术是指通过某种方法使谐振腔的 Q 值随时间按照规定的程序变化,将分散在这几百个脉冲中的能量集中到时间极短的纳秒级别的单脉冲中,从而形成功率很高的激光脉冲。

如图 2.8.1 所示,利用调 Q 技术在 t_p 之前的泵浦初期,增大谐振腔内的损耗 δ(即降低 Q 值),振荡阈值提高,激光振荡不能形成,反转粒子数 Δn 进行积累。当反转粒子数积累到一定程度时,迅速降低损耗 δ(即升高 Q 值),粒子数反转达到阈值条件,激光振荡建立,在极短时间内对反转粒子数进行大量消耗,同时输出一个脉冲宽度窄、功率高的巨脉冲。

2. 激光调 Q 方法

常用的调 Q 方法有转镜调 Q、电光调 Q、声光调 Q 与饱和吸收调 Q 等。

前三种方法是通过人为措施使谐振腔内的调 Q 器件产生某些物理效应,实现主动控制谐振腔的损耗,即谐振腔损耗由外部驱动源控制,称为主动调 Q。最后一种方法是通过可饱和吸收材料的饱和吸收特性对谐振腔的损耗进行调节,谐振腔损耗取决于腔内激光光强,称为被动调 Q。

本实验所用调 Q 晶体是 Cr^{4+}:YAG。与传统的染色片(盒)、色心氟化锂晶体等可饱和吸收体相比,Cr^{4+}:YAG 晶体具有器件抗损伤能力强、热导率高、吸收截面大、物理化学性能稳定、光学质量好、可批量生产等优点,适合于低重复频率、大能量激光输出场合,已成为最常用的被动调 Q 晶体。

当 Cr^{4+}:YAG 放置在激光谐振腔内时,它的透过率会随着腔内的光强而改

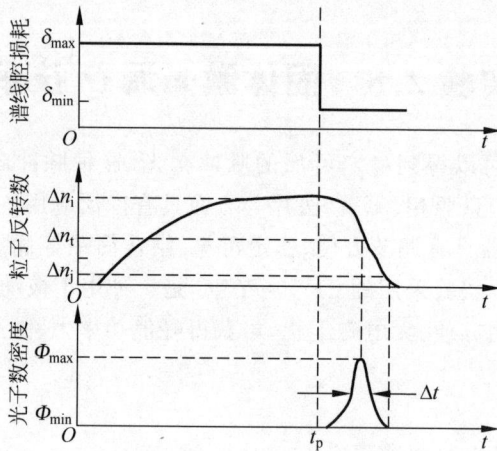

图 2.8.1 激光调 Q 过程

变。在激光形成初期,反转粒子数较少,腔内受激辐射光较弱,Cr^{4+}：YAG 的透过率 t 较低,腔内损耗较大,不能形成激光输出。随着泵浦的持续作用,增益介质的反转粒子数不断增加,当谐振腔增益等于谐振腔损耗时,反转粒子数达到最大值,此时可饱和吸收体的透过率还保持不变。随着泵浦的进一步作用,腔内光子数不断增加,达到 Cr^{4+}：YAG 的饱和光强时,Cr^{4+}：YAG 的透过率 t 迅速增大,腔内损耗迅速降低,光子数密度急剧增加,激光器以巨脉冲形式输出脉冲能量。

此后,由于反转粒子的减少,光子数密度也开始减低,腔内光强低于 Cr^{4+}：YAG 的饱和光强时,Cr^{4+}：YAG 的透过率 t 又开始降低,激光输出脉冲结束,一次调 Q 过程结束。如此重复不断,激光器就以一定的重复频率输出脉冲能量。这个重复频率以及激光脉冲输出的脉冲宽度受 Cr^{4+}：YAG 晶体自身特性影响,也会随泵浦光强度而有所变化,但其重复频率不如主动调 Q 那样能够精确控制,有一定局限性。

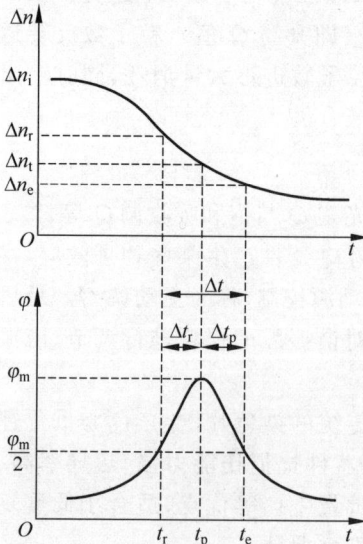

图 2.8.2 调 Q 脉冲宽度 Δt

3. 调 Q 脉冲宽度

脉冲宽度 Δt 通常是指激光功率维持在一定值时所持续的时间,如图 2.8.2 所示。在调 Q 脉冲中可定义为上升时间 Δt_r 与下降时间 Δt_e 之和,即 $\Delta t = \Delta t_r + \Delta t_e$。上升、下降时间是指光子数密度由 $\varphi_m/2$ 变化至峰值 φ_m 所用时间。

4. 重复频率和脉冲能量

脉冲重复频率可定义为每秒发射的脉

冲数。对于锁模或 Q 开关激光器,重复频率是脉冲持续时间的倒数。

对于常规脉冲序列,单脉冲能量通常是将平均功率(例如用功率计测量)除以脉冲重复频率来计算,即

$$单脉冲能量 = \frac{平均功率}{重复频率} \tag{2.8.1}$$

当忽略脉冲之间的能量损耗时,脉冲峰值功率可用单脉冲能量除以脉冲宽度来表示,即

$$峰值功率 = \frac{单脉冲能量}{脉冲宽度} \tag{2.8.2}$$

【实验仪器】

808nm 半导体激光器泵浦激光、准直激光、激光晶体、调 Q 晶体、激光功率计、快响应光子探测器、谐振腔凹面反射镜($T=3\%$、$T=8\%$)、四维调整架、光纤耦合聚焦镜头、红外显色卡、数字示波器。

【实验内容】

1. 可饱和吸收晶体被动调 Q 实验(图 2.8.3)

参照前面实验的调节方法,调出 1064nm 激光,并把光路调到最佳状态(即输出功率最大,小亮斑在大光斑的中心附近)。注意,晶体和输出镜之间的距离要多预留一些,后续步骤需要加入调 Q 晶体。

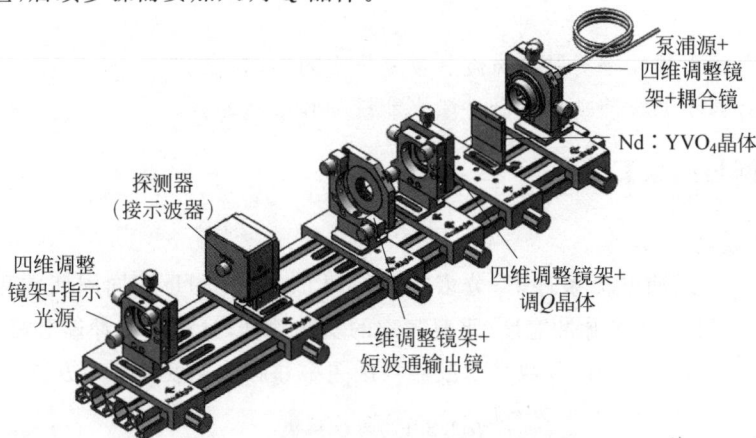

图 2.8.3 可饱和吸收晶体被动调 Q 实验装置图

(1) 在激光能正常输出的条件下,关闭泵浦光源,打开准直激光,在准直激光和输出镜之间插入 Cr^{4+}:YAG 调 Q 晶体,调节 Cr^{4+}:YAG 调 Q 晶体的上下和左右位置,使准直激光能够照在晶体中心(此调节过程其他器件均不要调节)。

(2) 关闭准直激光,打开泵浦电源,调节泵浦功率大于 400mW,将调 Q 晶体重

新放到激光晶体和输出镜之间,调节 Cr^{4+}：YAG 调 Q 晶体四维调整架旋钮,用红外显色卡在输出镜外侧观察是否有 1064nm 激光输出,出现小亮斑即完成调 Q。

注意,此时激光脉冲能量较大,要防止激光对人体或其他物品的损伤。

(3) 在光路中加入快响应光子探测器,并使 1064nm 激光直射探测口,将探测器的输出与数字示波器连接,并接通电源。调整示波器,当示波器上有高电平的信号出现时,采用单次捕获(SINGLE)或停止(STOP)模式,获取脉冲信号进行测量,如图 2.8.4 所示。用数字示波器的测量功能(MEASURE)及光标功能(CURSOR)测量脉冲的重复频率和脉冲宽度,测量多次取平均,存储波形,记录脉冲宽度。

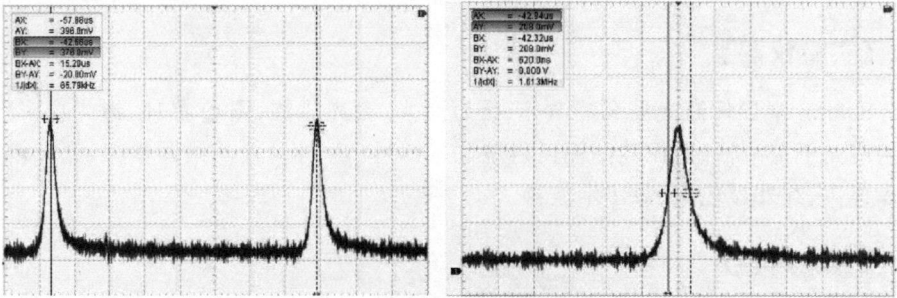

图 2.8.4　调 Q 脉冲重复频率及脉冲宽度测量

2. 泵浦源功率对脉冲宽度和重复频率的影响研究实验

(1) 改变泵浦源电流大小,测量不同泵浦功率下脉冲宽度、重复频率和输出功率。

(2) 分析泵浦功率对脉冲宽度和重复频率的影响。

(3) 计算不同泵浦功率下脉冲激光能量和峰值功率。

【数据与结果】

1. 被动调 Q 实验

在同一个泵浦电流条件下,分多次获得调 Q 脉冲,测量不同周期数和不同脉冲,在表 2.8.1 中记录脉冲宽度、重复频率的实验数据,计算单脉冲能和峰值功率。掌握调 Q 脉冲的获得,以及数字示波器测量频率和脉冲宽度的基本方法。

表 2.8.1　调 Q 结果

测量次数	1	2	3	4	5	平均值
脉冲宽度						
重复频率						

2. 调 Q 参数测量

在不放置调 Q 晶体的情况下,先测量记录多组不同电流下的功率,后续调 Q

晶体放上后,选择电流为记录过的电流值,在表 2.8.2 中记录 5 次调 Q 的结果。

表 2.8.2 不同泵浦电流的调 Q 过程

实验次数	1	2	3	4	5
泵浦电流					
输出功率					
调 Q 脉冲宽度					
调 Q 重复频率					
单脉冲能量					
峰值功率					

绘制泵浦功率(以泵浦电流为参考)与脉冲宽度、重复频率的关系曲线,分析泵浦功率与脉宽及重复频率的关系,给出实验结论。

计算不同泵浦功率下单脉冲能量和峰值功率并填入表 2.8.2,并绘制泵浦功率与单脉冲能量及峰值功率的关系曲线,分析两者之间的关系,给出实验结论。

【思考题】

(1) 根据激光调 Q 的原理和现象,你还能想到哪些其他场合有类似的现象?

(2) 调 Q 激光有什么优势?

实验 2.9 电光效应

当给某些晶体或液体加上电场后,该晶体或液体的某些光学特性(如折射率、偏振性能)会发生变化,这种现象称为电光效应。电光效应在工程技术和科学研究中有许多重要应用。它有很短的响应时间(可以跟上频率为 10GHz 的电场变化),可以在高速摄影中作为快门或在光速测量中作为光束斩波器等。在激光出现以后,电光效应的研究和应用得到迅速发展,电光器件被广泛应用在激光通信、激光脉冲产生、激光测距、激光显示和光学数据处理等方面。本实验采用铌酸锂(LiNbO$_3$,LN)晶体的一阶电光效应——泡克耳斯(Pockels)效应作为实验对象,其电光效应特指晶体的折射率随电场的变化。

【实验目的】

(1) 理解偏振现象、电光效应的基本概念和原理。
(2) 验证马吕斯(Malus)定律。
(3) 测量铌酸锂晶体的电光特性和参数。

【实验原理】

1. 电光效应

某些晶体在外加电场中,晶体的折射率会发生改变,这种现象称为电光效应。电光材料的折射率 $n(E)$ 是外加电场的函数,用泰勒级数在 $E=0$ 处展开,则可得到

$$n(E) = n + a_1 E + \frac{1}{2} a_2 E^2 + \cdots \tag{2.9.1}$$

其中,$n = n(0)$,$a_1 = \mathrm{d}n/\mathrm{d}E|_{E=0}$,$a_2 = \mathrm{d}^2 n/\mathrm{d}E^2|_{E=0}$。式(2.9.1)中三次项及三次项以上的高次项通常较小,可忽略不计。定义两个新的参数 $\gamma = -2a_1/n^3$,$\xi = -a_2/n^3$,则式(2.9.1)可写为

$$n(E) = n - \frac{1}{2}\gamma n^3 E - \frac{1}{2}\xi n^3 E^2 + \cdots \tag{2.9.2}$$

其中,γ 和 ξ 称为电光系数。

在很多材料中,式(2.9.2)中 E 的二次项系数非常小,以至于与一次项相比可以忽略,因此对于这些材料,式(2.9.2)可以写为

$$n(E) \approx n - \frac{1}{2}\gamma n^3 E \tag{2.9.3}$$

这一效应称为普克尔(Pokells)效应,这些材料称为普克尔介质或普克尔盒,系数 γ 称为普克尔系数或线性电光系数。γ 的值一般为 $10^{-12} \sim 10^{-10}$ m/V,比如在 1cm

厚的材料上施加 10kV 的电压,电场 $E=10^6\,\mathrm{V/m}$,则产生的折射率变化在 $10^{-6}\sim10^{-4}$。

对于一些中心对称结构的材料,其折射率的变化与电场强度的平方成正比,因此式(2.9.2)中的一次项可以忽略,此时 $n(E)$ 可写为

$$n(E) \approx n - \frac{1}{2}\xi n^3 E^2 \qquad (2.9.4)$$

这一效应称为克尔(Kerr)效应,这些材料称为克尔介质或克尔盒,系数 ξ 称为克尔系数。对于晶体材料,克尔系数的值一般为 $10^{-18}\sim10^{-14}\,\mathrm{m^2/V^2}$,当材料内部施电场 $E=10^6\,\mathrm{V/m}$,则产生的折射率变化在 $10^{-6}\sim10^{-2}$。对于液体材料,克尔系数的值一般为 $10^{-22}\sim10^{-19}\,\mathrm{m^2/V^2}$,相同条件下折射率变化在 $10^{-10}\sim10^{-7}$。

虽然电光效应中折射率的变化非常小,但是当光波在电光材料中传播的距离远大于光波长时,它对光波的影响还是很大的,比如折射率变化 10^{-5},那么光波通过材料的长度超过 10^5 个波长的时候,其相位变化将超过 2π。

2. 电光调制

当加在晶体上的电场方向与光在晶体中的传播方向平行时,产生的电光效应称为纵向电光效应,通常以 $\mathrm{KD^*P}$ 类型晶体为代表。加在晶体上的电场方向与光在晶体里的传播方向垂直时产生的电光效应,称为横向电光效应,以铌酸锂为代表。本实验研究晶体的横向电光强度调制,即对 $\mathrm{LiNbO_3}$ 晶体横向施加电场的方式来研究晶体的电光效应。其中,晶体被加工成 $5\mathrm{mm}\times5\mathrm{mm}\times30\mathrm{mm}$ 的长条,光轴沿长轴通光方向,在两侧镀有导电电极,以便施加均匀的电场,如图 2.9.1 所示。

图 2.9.2 为典型的利用 $\mathrm{LiNbO_3}$ 晶体横向电光效应原理的激光强度调制器。当光通过一段长度为 L 的普克尔盒时,其产生的相位变化为

$$\varphi = n(E)k_0 L = \frac{2\pi n(E)L}{\lambda_0} \quad (2.9.5)$$

其中,k_0 为波矢;E 为外加电场;λ_0 为光波长。将式(2.9.3)代入可得

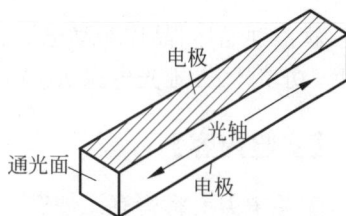

图 2.9.1　电光晶体

$$\varphi \approx \varphi_0 - \pi\frac{\gamma n^3 EL}{\lambda_0} \qquad (2.9.6)$$

其中,$\varphi_0 = 2\pi nL/\lambda_0$;$\gamma$ 为电光系数。如果普克尔盒上所加电压为 V,间距为 d,则 $E=V/d$,

$$\varphi \approx \varphi_0 - \pi\frac{V}{V_\pi} \qquad (2.9.7)$$

$$V_\pi = \frac{d\lambda_0}{L\gamma n^3} \qquad (2.9.8)$$

V_π 称为半波电压,表示当电压为 V_π 时,相位的变化为 π。在普克尔盒中,相位和外加电压呈线性关系。

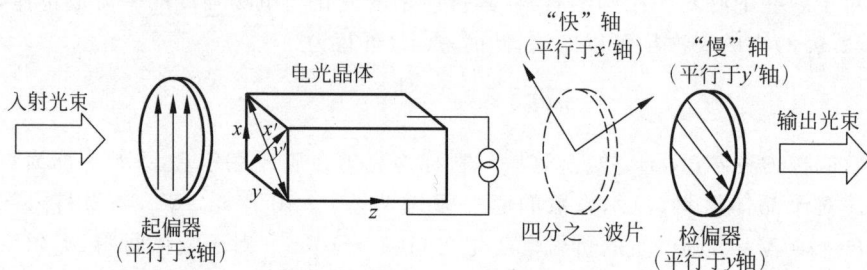

图 2.9.2 晶体横向电光效应原理图

V_π 是描述晶体电光效应的重要参数,在实验中,这个电压越小越好。如果 V_π 小,需要的调制信号电压也小。根据半波电压值,我们可以估计出晶体施加电压和透过强度之间的关系:

$$T = \sin^2 \frac{\pi}{2V_\pi} V \qquad (2.9.9)$$

可见透过率 T 将仅随晶体上所加电压而变化,由于 T 与 V 的关系是非线性的,只有在 $V_{\pi/2}$ 附近有一近似直线部分,这一直线部分称作线性工作区,调制电压尽量工作在这个值附近。由式(2.9.9)可知当 $V = V_{\pi/2}$ 时,$\delta = \pi/2$,$T = 50\%$。

【实验仪器】

铌酸锂晶体、晶体驱动电源、半导体激光器、起偏器、检偏器、扩束镜、四分之一波片、功率计、二维光电探头、光电二极管、双踪示波器及导轨。

【实验内容】

实验中需要将所有元件安装到导轨上,保证出射激光束能够穿过所有元件的通光面。

1. 验证马吕斯定律

先在导轨最左侧安装半导体激光器,然后安装起偏器 P_1(偏振片)。旋转起偏器,观察穿过起偏器的激光,将功率计安装在图 2.9.3 中位置 1。观察激光功率,找出功率最大值对应的起偏器位置,并记录下最大功率,起偏器 P_1 的位置后面实验中不要再改变。同时要做激光准直工作,调整准直激光水平、垂直旋钮,保证反射激光点返回到激光出射孔,如图 2.9.3 所示。

安装检偏器 P_2(偏振片),如图 2.9.3 位置放置,再将功率计重新安装到位置2,旋转检偏器 P_2,使得激光功率最小,记录此时检偏器的角度和光功率。每隔 $5°$,记录一组角度和光功率。

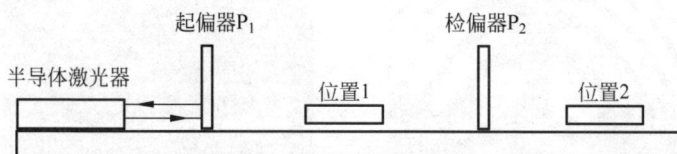

图 2.9.3 激光准直调节示意图

2. 铌酸锂晶体单轴晶体干涉特性

铌酸锂晶体在不加电压状态下为单轴晶体,实验中通过观察会聚偏振光的干涉图像来直观地对其进行观察。

(1) 在起偏器右侧安装扩束镜、铌酸锂晶体,两者尽可能靠近,并使通过铌酸锂晶体后射出的方形光斑在激光光束位置上,如图 2.9.4 所示。

图 2.9.4 准直调节示意图

(2) 在铌酸锂晶体右侧安装检偏器与白屏,如图 2.9.5 所示。旋转检偏器,使过检偏器的光束尽可能暗(此时 P_1 和 P_2 接近垂直)。轻微转动检偏器,观察白屏上的图案,可观察到由十字亮线或暗线和环形线组成的图案。这种图是典型的会聚偏振光穿过单轴晶体后形成的干涉图案,如图 2.9.6 所示。

图 2.9.5 锥光干涉调节示意图

(3) 旋转起偏器和检偏器,使两者相互平行(看刻度),此时出现的单轴锥光图与两偏振片相互垂直时形成的图案是互补的,即原来亮的地方变暗,原来暗的地方变亮,如图 2.9.7 所示。

3. 铌酸锂晶体双轴晶体特性

先将"驱动电压"旋钮逆时针转至尽头,随后打开晶体驱动电源(前面板最左侧),将"状态"开关旋至"直流",顺时针旋转"驱动电压"逐渐增加电压并观察白屏上的图案的变化,如图 2.9.8 所示。可以看到图案由一个中心分裂为两个中心,这是典型的会聚偏振光经过双轴晶体时的干涉图案,如图 2.9.9 所示。

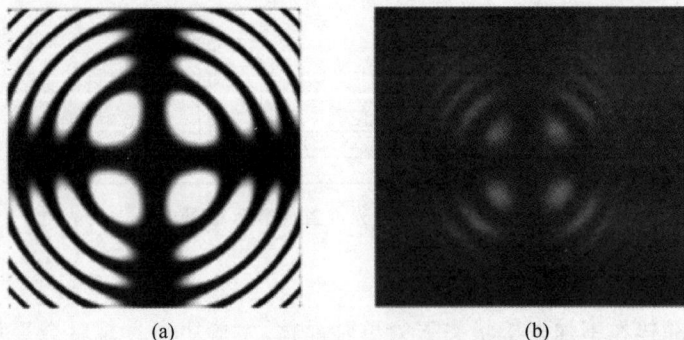

(a)   (b)

图 2.9.6 单轴晶体锥光干涉图（$P_1 \perp P_2$）

(a) 模拟结果；(b) 实验结果

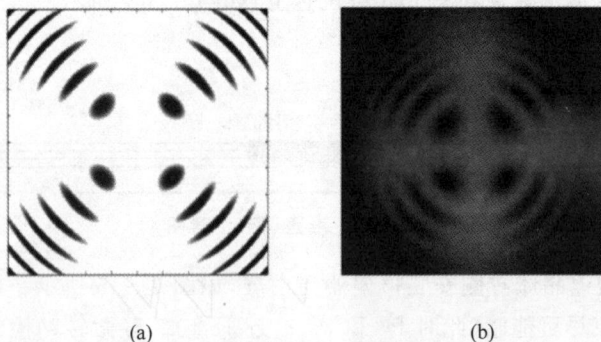

(a)   (b)

图 2.9.7 单轴晶体锥光干涉图（$P_1 /\!/ P_2$）

(a) 模拟结果；(b) 实验结果

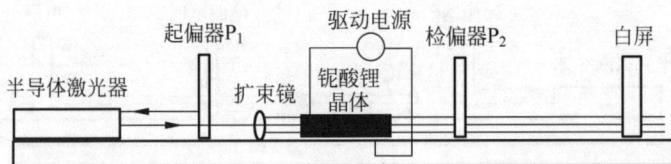

图 2.9.8

4. 铌酸锂晶体的电光特性和参数

（1）将前面实验中的扩束镜和铌酸锂晶体取下。此时系统按激光器、起偏器、检偏器、白屏顺序排列。旋转起偏器，使经过起偏器的光尽可能最大，可借助功率计测量；旋转检偏器，使经过检偏器的光尽可能弱。此时两偏振片相互垂直，进入消光状态。

（2）重新将铌酸锂晶体装回原位，使光束穿过铌酸锂晶体，且出射光尽可能与光束同轴。

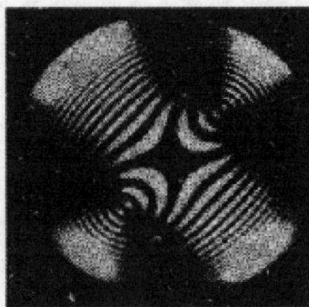

图 2.9.9 双轴晶体锥光干涉图案

（3）先将"驱动电压"旋钮逆时针转至尽头，随后打开晶体驱动电源（前面板最左侧），将"状态"开关旋至"直流"，观察白屏上的光斑亮度。调节铌酸锂晶体的固定角度以及面向（旋转支座上部的螺丝、铌酸锂晶体上的两枚螺丝），使光屏上的光斑尽可能暗（做不到完全无光）。

（4）取下白屏，换上光电探头，使激光能射入探头。将探头输出线与光功率计相连，记下此时的光功率 $P_{\min}$。

（5）顺时针旋转驱动电压旋钮，每隔50V记录一次电压与激光功率。记录大约20组数据后，从中找出功率最大值 $P_{\max}$，记录最大光功率时对应的电压，此电压称为半波电压。求出系统消光比，并画出电压和输出功率的对应曲线。

$$M = P_{\max} / P_{\min}$$

（6）取下铌酸锂晶体，旋转检偏器，记录下系统输出最大的光功率 P_{o}，计算铌酸锂晶体的透过率：

$$T = P_{\max} / P_{\mathrm{o}}$$

【数据与结果】

1. 验证马吕斯定律

将实验数据填入表2.9.1。

表 2.9.1　验证马吕斯定律

穿过起偏器 P_1 后最大光功率 $I_0 =$ _____

夹角 $\theta/(°)$	5	10	15	20	25	30	35	40	45
光功率 I_1									
$I_0 \cos^2\theta$									
$\Delta I = I_1 - I_0 \cos^2\theta$									

夹角 $\theta/(°)$	50	55	60	65	70	75	80	85	90
光功率 I_1									
$I_0 \cos^2\theta$									
$\Delta I = I_1 - I_0 \cos^2\theta$									

由马吕斯定律，$I_1 = I_0 \cos^2\theta$，以 θ 为横坐标，分别以 I_1、ΔI 为纵坐标，作图并进行误差分析。

2. 铌酸锂晶体单轴晶体特性

将实验数据填入表2.9.2。

表 2.9.2　单轴晶体电光效应干涉

	$P_1 \perp P_2$	$P_1 /\!/ P_2$
电压 $V=0$	拍照记录干涉图 1	拍照记录干涉图 2

3. 铌酸锂晶体双轴晶体时特性

将实验数据填入表 2.9.3。

表 2.9.3　双轴晶体电光效应干涉

	$P_1 \perp P_2$	$P_1 /\!/ P_2$
电压 $V=V_1$	干涉图 1	干涉图 2
电压 $V=V_2$	干涉图 3	干涉图 4
电压 $V=V_3$	干涉图 5	干涉图 6

4. 铌酸锂晶体的电光特性和参数

将实验数据填入表 2.9.4。

表 2.9.4　铌酸锂晶体的电光特性

$P_{\min}=\underline{\hspace{2cm}},P_{\max}=\underline{\hspace{2cm}},V_{\lambda/2}=\underline{\hspace{2cm}},P_0=\underline{\hspace{2cm}}$

V/V								
P/mW								

从中找出功率最大值 $P_{\max}$，以及对应的电压，求出系统消光比。

$$M = P_{\max}/P_{\min}$$

画出电压和输出功率的对应曲线。

取下铌酸锂晶体，旋转检偏器，记录下系统输出最大的光功率 P_0，计算铌酸锂晶体的透过率：

$$T = P_{\max}/P_0$$

【思考题】

(1) 调研电光效应的一个具体应用。

(2) 了解一下有没有考虑高阶效应的研究。

实验 2.10　声光效应

20 世纪初,布里渊(Brillouin)曾预言:有压缩波存在的液体,当光束沿垂直于压缩波传播方向以一定角度入射时,将产生类似于光栅的衍射现象。后来,人们不仅在液体中,在透明固体中也发现了这种现象。利用压电换能器在透明固体中激发超声波,让光通过,观察到了超声波中的光衍射现象。激光器出现之后,这种实验变得异常简单。

自那时起到现在,人们对声光衍射现象做了大量的实验和理论研究。归结起来,声光衍射的实验测量主要包括两方面的内容:①光学测量,包括测量衍射光强、衍射角、衍射光的偏振方向、衍射光的频率与入射光强、入射角、入射光的波长、驱动源频率、驱动功率、声光相互作用介质的关系;②电输入特性测量,包括行波、驻波器件的电输入特性与声光相互作用介质、压电换能器、匹配网络的关系。

【实验目的】

(1) 了解声光调制现象,观察超声驻波场中的光衍射现象。
(2) 测量声波在晶体中的衍射光强、衍射效率和传播速度。
(3) 测量超声驻波的衍射光强分布和光栅常数。

【实验原理】

声波在光学材料中的传播导致材料折射率分布的变化,折射率变化又导致光波通过材料时的传输特性的变化,从而实现声波对光的控制,这个效应称为声光效应。声光效应实验所利用的驻波声光调制器由两部分组成:一是声光晶体,其由压电换能器(石英晶体)和声光介质(ZF6 火石玻璃)构成,压电换能器与声光介质焊接成一体,其中声光介质的两个面要严格平行,平行度优于 $\lambda/5$;二是声波驱动源,即正弦波高频功率信号发生器。驱动源提供的正弦高功率信号通过匹配网络加到压电换能器上,换能器发出的超声波沿声光介质的 x 轴传播,到达介质末端后,会被反射回来,反射波沿 x 轴负方向传播。声光介质中就如同存在两列频率相同、振幅相等的沿相反方向传播的超声波,叠加的效果就是在声光介质中形成驻波,如图 2.10.1 所示。

驻波的特点是在某些位置形成波腹和波节,从而对声光介质形成不同程度的压缩。对于通过的光波来说,声光介质具有周期变化的折射率,其折射率可表示为

$$n(x,t) = n_0 + \Delta n \cdot \sin\omega t \cdot \cos Kx \qquad (2.10.1)$$

其中,n_0 为未加超声波时声光介质的折射率;Δn 为声致折射率改变幅值;ω 为超声波的圆频率;K 是超声波的波数。

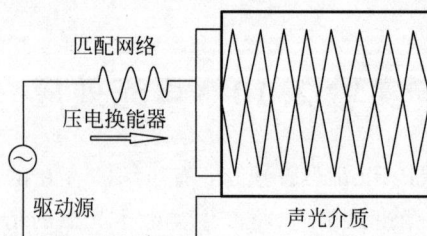

图 2.10.1 驻波声光调制器

当一束激光通过声光介质时,就会产生类似光栅产生的衍射现象,在垂直入射情况下,各衍射极大的方位角可表示为

$$\sin\theta = \frac{m\lambda}{\Lambda} = 2m\lambda f/v_s \tag{2.10.2}$$

其中,m 为衍射级次;λ 为激光波长;Λ 为超声波波长,等效为光栅常数;f 为超声波频率;v_s 为声波在声光介质中的波速。当声光调制器与观察屏的距离为 l,衍射中央条纹和一级条纹的间距为 a 时,可得 $\sin\theta \approx \frac{a}{l} = 2\lambda f/v_s$,从而可得超声波传播速度 $v_s \approx 2\lambda fl/d$。实验中可以据此计算超声波在声光介质中的传播速度。

【实验仪器】

光学实验导轨、半导体激光器(635nm,4mW)、声光晶体、光信号放大器、声光效应实验电源(驻波声光调制器)、OPT-1A 功率指示计、白屏、光阑探头、一维位移架、小孔屏、光电探头、透镜($F=100mm$)、光具座、传输线、电源线。

【实验内容】

1. 超声驻波场中光衍射的实验观察

实验仪器安装示意图如图 2.10.2 所示,仪器由安装在光学导轨上的激光器、驻波声光调制器、白屏组成。

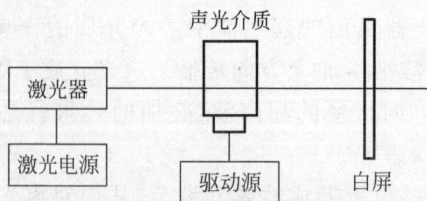

图 2.10.2 实验仪器安装示意图

(1) 开启激光电源,点亮激光器,调节激光平行于导轨中心线出射(将有孔光屏在轨道上滑动时,出射激光始终能通过小孔传播),这步调节要认真仔细,以便后

面实验顺利进行。

（2）将声光晶体尽量靠近激光出射孔，观察屏放到轨道最远端，令激光束垂直于声光介质的通光面入射，打开声光介质驱动电源，调节驱动电压和频率，直到在光屏上观察到如图 2.10.3 所示的衍射光斑。调节阻抗匹配磁芯，调节到衍射级次尽可能最多即可，记录驱动电压和频率。

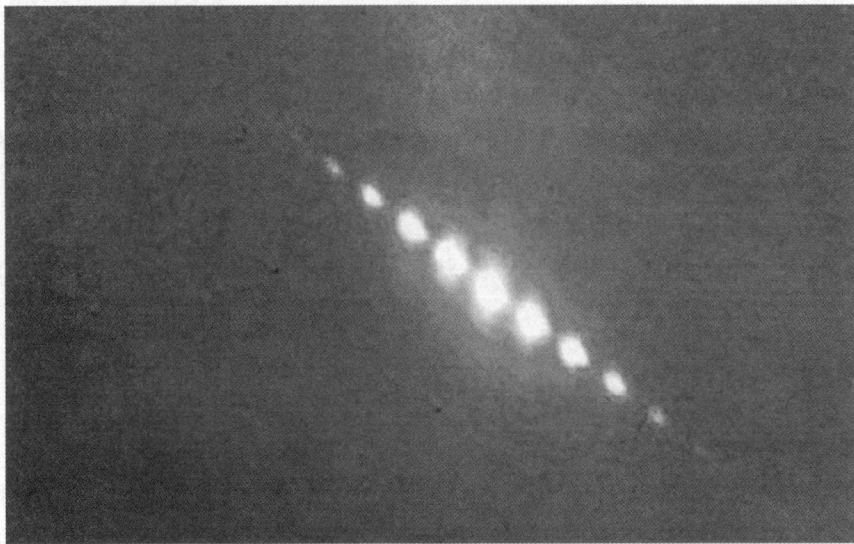

图 2.10.3　衍射光斑图像

（3）改变声光调制器的方位角，观察不同入射角下的衍射光斑，并用相机记录衍射图形。

2. 衍射光强的测量及衍射效率

实验仪器示意图如图 2.10.4 所示，仪器是由安装在光学导轨上的激光器、驻波声光调制器、观察屏、光强分布测量系统组成。

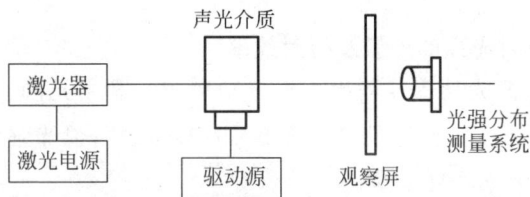

图 2.10.4　超声驻波衍射光强的测量

（1）在实验内容 1 的基础上，调整声光调制器的方位角，令观察屏上的衍射光点尽可能达到 5 个以上。

（2）移开观察屏，用带有光阑的激光功率计测量激光器输出的入射光功率 P_0。

（3）利用水平位移平台，水平移动光阑，分别让 0，±1，±2，…级衍射光打到激光功率计的光敏面上，测出各级衍射光的功率 P_m，计算各级衍射的衍射效率 $\eta_m = P_m / P_0$。在记录各衍射光功率的同时记录各衍射光所对应的位移平台的刻度读数。

（4）绘制衍射光强的空间分布曲线。

（5）改变驱动电压，测出不同电压下的一级衍射效率，作出衍射效率与驱动电压的关系曲线。

3. 测量声波在介质中的传播速度及光栅常数

（1）测量声光调制器到观察屏的距离 l。

（2）参照实验内容 2 测量衍射中央条纹和一级条纹对应的刻度值，计算出条纹间距。

（3）计算声光介质中的声速 v_s。

（4）由声光调制器到观察屏的距离 l 及条纹间距，利用光栅公式计算光栅常数。

【数据与结果】

1. 声光衍射的实验观察

首先在激光垂直声光介质入射时，得到最大衍射级次，记录此时驱动电压、驱动频率和衍射图样数据。然后改变声光晶体和激光的夹角，观察衍射图样的变化，角度改变时以衍射图样改变为参考，不需要定量记录角度，只记录衍射图样的变化，数据格式参考表 2.10.1。

表 2.10.1 衍射的实验观察数据记录

驱动电压：_____，频率：_____

入射角/(°)	垂直	角度改变 1	角度改变 2	角度改变 3
衍射图像				

2. 超声驻波衍射光强的测量及衍射效率

移开观察屏，用激光功率计测出入射光功率 P_0，利用光阑分别测量不同衍射级次的衍射光功率 P_m，数据记录参考表 2.10.2，绘制衍射光强的空间分布曲线，并计算各级衍射效率 $\eta_m = P_m / P_0$。

表 2.10.2 衍射的实验观察数据记录

入射光功率 $P_0=$ _____

级次	−4	−3	−2	−1	0	1	2	3	4
位置刻度									
衍射功率 P_m									
衍射效率 η_m									

以 1 级衍射光点为对象, 改变驱动电压, 作出衍射效率与驱动电压的关系曲线, 数据记录格式参考表 2.10.3。

表 2.10.3 衍射的实验观察数据记录

驱动电压									
1 级 衍 射 光 功率 P_m									
衍射效率 η_m									

3. 测量声波在介质中的传播速度及光栅常数

声光调制器距观察屏的距离 $l=$ _____ m。

衍射中央条纹和 1 级条纹的间距 $a=$ _____ m。

由公式 $v=2f\lambda l/a$ 计算声光介质中的声速 v, 其中 $f=10\mathrm{MHz}, \lambda=635\mathrm{nm}$。

由光栅公式 $d\sin\alpha=k\lambda$, 近似为 $d*a/l=\lambda$, 则 $d=\lambda l/a$, 计算光栅常数。

【思考题】

(1) 本实验中声光效应是发生在固体中的, 在气体和液体中能产生声光效应吗?

(2) 在声光效应实验中, 如何通过观察到的衍射图样分析介质折射率的变化量?

实验 2.11   磁光效应

随着电力工业的快速发展,传统的电流测量仪器已不能满足大电流的测量需求。光纤电流传感器是以法拉第磁光效应为基础,通过测量光波在通过磁光材料时其偏振面旋转的角度来确定电流的大小。

【实验目的】

(1) 了解法拉第磁光效应。
(2) 了解自聚焦透镜的特点。
(3) 了解基于法拉第磁光效应的智能电网传感系统。
(4) 光纤自聚焦准直镜耦合实验。
(5) 测量电流传感曲线。

【实验原理】

1. 法拉第磁光效应

1845 年,法拉第(M. Faraday)发现,当线偏振光在介质中传播时,若在平行于光的传播方向上加一强磁场,则光偏振方向将发生偏转,偏转角度与磁感应强度 B 和光穿越介质的长度 L 的乘积成正比,即 $\theta = VBL$,如图 2.11.1 所示。比例系数 V 称为旋光材料的维尔德常数,与介质性质和光波频率有关。偏转方向取决于介质性质和磁场方向。上述现象称为法拉第磁光效应。

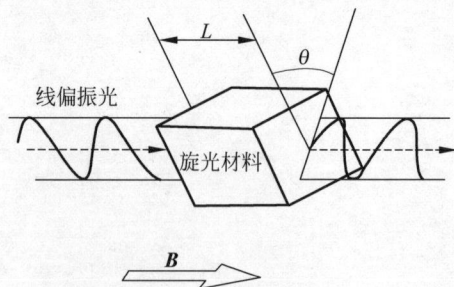

图 2.11.1   法拉第磁光效应示意图

2. 基于法拉第磁光效应的电流测试

近年来,随着全世界智能电网的革命性变革,光电式电网传感器的研究和应用逐渐成了智能电网中的热点问题。光电式电网传感的主要原理是基于法拉第磁光效应和泡克耳斯电光效应。其中前者应用于电流式互感器中,后者则应用于电压式互感器中。基于法拉第磁光效应的电流测试系统结构原理如图 2.11.2 所示。

图 2.11.2 传感系统结构原理

图 2.11.2 中,光纤激光光源通过自聚焦准直镜准直,准直光通过起偏器形成偏振光,然后通过磁光材料,并经过检偏器后分成两束,即反射输出光和透射输出光。其中,磁光晶体置于由检测线圈的电流产生的磁场中。按照法拉第磁光效应,从磁光晶体输出的偏振光由于磁场的作用其偏振方向产生了一个 θ 的变化,通过检偏器后输出的透射光强和反射光强会出现相应变化。通过检测光强变化即可检测出磁场的强度变化,从而探测出输入线圈的电流量变化 I。

如果光源功率为 P_0,经过起偏器 45° 起偏后光源功率减半,则功率变为

$$P_1 = \frac{1}{2}P_0 \tag{2.11.1}$$

一般情况下磁光晶体的吸收极小,可以忽略不计。因此,在线圈中没有电流的情况下($I=0$ 时),检偏后输出透射光功率 P_t 和反射光功率 P_r 满足下式:

$$P_t = P_r = \frac{1}{4}P_0 \tag{2.11.2}$$

如果线圈中的电流不为零,则检偏后输出透射、反射功率可按马吕斯定律计算得出,即满足下式:

$$\begin{cases} P_t = \frac{1}{2}P_0 \cos^2\theta \\ P_r = \frac{1}{2}P_0 \cos^2\left(\frac{\pi}{2} - \theta\right) \end{cases} \tag{2.11.3}$$

根据法拉第磁光效应:$\theta = VBL$,代入则有

$$P_t = \frac{1}{2}P_0 \cos^2(VBL) \tag{2.11.4}$$

$$P_r = \frac{1}{2}P_0 \cos^2\left(\frac{\pi}{2} - VBL\right) \tag{2.11.5}$$

为了方便计算,假设截面半径为 a、长度为 L、电流强度为 I、总匝数为 N 的通电螺线管的中心点的磁感应强度 $\boldsymbol{B}$ 为匀强磁场,并且该磁感强度 $B=KI$,其中 K 是与 a、L、N 有关的常数,那么可以得到

$$\begin{cases} P_t = \frac{1}{2}P_0 \cos^2(KVIL) \\ P_r = \frac{1}{2}P_0 \cos^2\left(\frac{\pi}{2} - KVIL\right) \end{cases} \tag{2.11.6}$$

由此,便得到了探测出的光功率与电流的对应关系。

【实验仪器】

光纤电流传感器实验台、功率计、激光器。

【实验内容】

1. 实验仪器的安装和光纤输出耦合

按照如图 2.11.3 所示安装好实验部件。

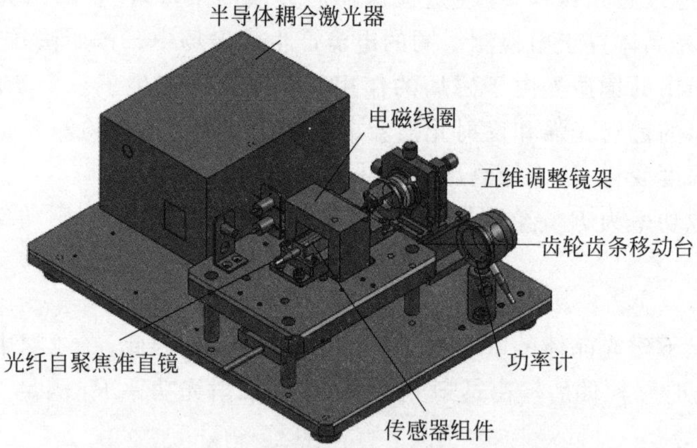

图 2.11.3　光纤电流传感器实验示意图

（1）调节齿轮齿条移动台和五维调整镜架上的旋钮,使光纤自聚焦准直镜对准电流传感光机组件上的透射光的孔位,然后调节五维调整镜架上的调节旋钮,使功率计读数达到最大值,记录读数值。(注意,调节过程中不能让光纤自聚焦准直镜(晶体)撞到安装孔孔壁,安全起见,自聚焦准直镜(晶体)不要伸入金属安装孔内。)

（2）测量反射光(已固定)读数,对比透射光和反射光的差异,透射光测量功率与反射光功率尽可能接近,如果数值差异较大则需要不断重复步骤(1)调整。

2. 磁光效应

调节电流旋钮,逐步增大电流,使用激光功率计测量反射光功率 P_r 和透射光功率 P_t。

【数据与处理】

（1）在表 2.11.1 中记录电流和透射光功率、反射光功率。

表 2.11.1　磁光效应实验数据记录表

电流 I/A	0	0.1	0.2	0.3	...	2.3	2.4	2.5	2.6
透射光功率 P_t									
反射光功率 P_r									

（2）利用绘图软件分别绘制 $I\text{-}P_r$、$I\text{-}P_t$ 曲线，并与式（2.11.6）的理论曲线进行比较，分析误差原因。

（3）计算分析 P_r+P_t，用绘图软件绘制电流 I 与 P_r+P_t 的曲线，与理论值比较，分析误差原因。P_r、P_t、P_r+P_t 绘制在一个图上，比较各条曲线的斜率大小。

（4）由于 P_r、P_t 的测量值差异可能不是很大，为了提高探测电流的灵敏度，通常可采用差分的思想，研究电流与 $|P_r-P_t|$ 的变化关系。计算分析 P_r-P_t 的正负，并用绘图软件单独绘制电流 I 与 $|P_r-P_t|$ 的曲线，进行线性拟合，给出光纤电流传感器的灵敏度（拟合直线的斜率）。

（5）通过调换磁光线圈两端的电压的正负极，重复以上实验，观察数据并分析是否与以前实验现象一致。

【思考题】

（1）实验中利用了差分的方法来提高测量的灵敏度，你还知道哪些测量场合也用到这个方法？

（2）通过分析比较实验中各条曲线的斜率，体会测量方法对测量灵敏度的影响。

第3章
智能光电检测

实验 3.1　单片机-光敏电阻控制 LED 灯

光敏电阻作为光开关器件,在日常照明控制中有广泛应用,在集成电路光耦隔离器件中扮演着重要角色,实现对控制信号和大功率信号的有效隔离,保证电路的安全。光敏电阻在用作光开关时可以用模拟电路控制,也可以用数字电路控制。本实验通过单片机编程的方式实现利用光敏电阻来控制 LED 灯的开和关,从而定量地了解和认识光敏电阻的特性以及在光电检测中的应用。

【实验目的】

(1) 理解单片机工作的基本原理。

(2) 掌握光敏电阻的工作特性和电路。

(3) 通过单片机、光敏电阻控制 LED 灯的亮和灭。

【实验原理】

1. 单片机工作的基本原理

单片机种类丰富,有经典的 51 系列、STC 系列、STM32、MSP430、Arduino,有带 WiFi、蓝牙功能的 ESP8266、ESP32,以及专用的语音识别、图像识别等功能的单片机,使用方面各有特色,可根据实际选择。本实验中选择比较经典的 51 系列单片机,采用 C 语言编程,可以将 C 语言课程与单片机技术或单片机原理及光电检测技术等相关课程联系起来。单片机技术在专门的课程里有介绍,对于没有学过单片机的,可以自学相关内容,本实验只强调如何使用单片机来进行光电检测的控制。单片机在工作时通过控制每个引脚的电平来操控外部设备,单片机芯片如图 3.1.1 所示。一般情况下,引脚的电平只有高电平 1 和低电平 0 两种状态。标准晶体管-晶体管逻辑(TTL)输入高电平最小 2V,输出高电平最小 2.4V,典型值 3.4V;输入低电平最大 0.8V,输出低电平最大 0.4V,典型值 0.2V。编程序时通过设置相应引脚的值为 1 或 0,即可指定该引脚的电平高低,从而控制外部设备。由于单片机本身输出电流有限,对于大电流驱动的设备,单片机只提供一个控制信号,然后利用继电器或者三极管实现控制。

2. 光敏电阻的工作原理

光敏电阻是利用半导体材料的内光电效应制作的一种光电传感器,常见的光敏电阻如图 3.1.2 所示。无光照时暗电阻较大,约兆欧级;有光照时亮电阻会随光照而降低,约千欧级。一般照度和电阻变化呈非线性关系,响应时间在毫秒级,属慢响应器件,对光波长不是很

图 3.1.1　单片机芯片

敏感,但也有可见光、红外线等大范围的区分,见表 3.1.1 和图 3.1.3。

图 3.1.2 光敏电阻

表 3.1.1 不同型号光敏电阻规格参数

型号	最大电压 V_{DC}/V	最大功耗/mW	环境温度/℃	光谱峰值/nm	亮电阻/kΩ	暗电阻/MΩ	响应时间/ms	
							上升	下降
5506	150	100	25	540	2~5	0.2	20	30
5516	150	100	25	540	5~10	0.5	20	30
5528	150	100	25	540	10~20	1	20	30
5537	150	100	25	540	20~30	2	20	30
5539	150	100	25	540	30~40	5	20	30
5549	150	100	25	540	40~120	10	20	30

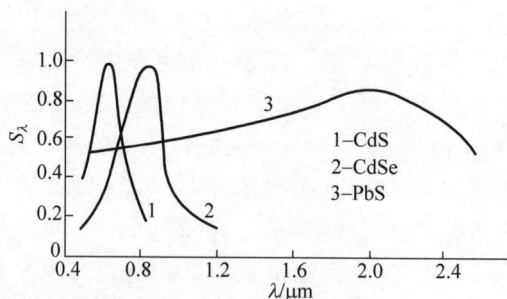

图 3.1.3 不同光敏电阻的光谱响应

3. 单片机通过光敏电阻控制 LED

光敏电阻在光照下电阻会减小,但是其亮电阻还是在千欧级别。如果直接将光敏电阻和 LED 灯串联,则光照时回路电流太小,LED 灯不能正常发光,所以光敏电阻在使用时往往都将其与一个合适的电阻串联起来,组成分压电路,如图 3.1.4 所示。R_p 的暗电阻在兆欧级别,亮电阻在千欧级别,因此串联的电阻 R_s 可以选择用 $10 \sim 100 k\Omega$ 的电阻。无光照时 U_o 输出高电平,有光照时 U_o 输出低电平。用单片机控制时可以直接读取 U_o 的电平作为判断的依据。当然为了保护单片机,U_o 串联一个 $1 k\Omega$ 级别的电阻后再接入单片机引脚,这样电路比较安全。

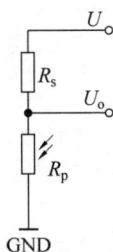

图 3.1.4　光敏电阻的典型工作电路

【实验仪器】

单片机最小系统、光敏电阻、限流电阻、LED 灯、面包板、杜邦线、电源、计算机、开发软件。

【实验内容】

实验中需要将所有元件安装在面包板上,保证电路连接的正确性。

1. 单片机点亮 LED 灯

按如图 3.1.5 所示连接单片机和 LED 灯,注意一定要串联一个限流电阻,逐步形成一个良好的习惯,防止 LED 灯在接入 5V 电源时烧毁。开发软件有很多种,在开发软件中编写以下代码,然后编译生成 hex 文件,烧写到单片机中。

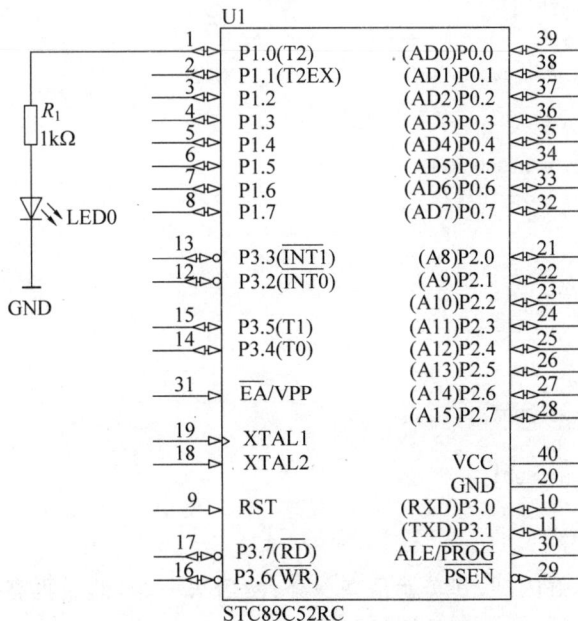

图 3.1.5　单片机点亮 LED 示意图

```
# include < reg52.h>                    //头文件
sbit LED = P1^0;                        //定义控制的引脚为 P1.0 端口
void main()
{
    LED = 1;                            //点亮 LED
    while(1);                           //死循环,让灯一直亮着
}
```

单片机程序和计算机 C 语言编程基本一致,就是有些新的变量类型和用法,比如 sbit 这个变量类型以前没见过,这是单片机里特殊定义的一种类型,开始不理解不用太在意,后面可以慢慢学习和了解。另外如 while(1)这种用法,在计算机编程时肯定会认为是错误的,但在单片机里能保证程序一直运行,而不是运行一次就结束了。另外要理解单片机编程的用途主要是控制一些外部设备,在没有新的指令来之前,要一直保持一个状态。在此电路中,LED 采用共阴极,负极接地,正极串联一个 1kΩ 限流电阻以免烧坏 LED,再连接单片机控制端口 P1.0。通过程序设定 P1.0 为高电平使 LED 点亮,这里只是一个简单的演示,虽然能点亮 LED,但在实际控制外部设备时,单片机的输出口很难提供足够的驱动电流,往往还要利用别的电路连接方法,这个后面会慢慢接触到。

2. 单片机控制 LED 灯闪烁

电路连接与实验内容 1 一样,修改程序即可实现 LED 灯按一定的时间间隔闪烁。

```
# include < reg52.h>
sbit LED = P1^0;
void delayms (unsigned int m)
{
    int a, b;
    for (a = 0; a < 1000;a++)
    for (b = 0; b < m; b++);
}
void main ()
{
    while (1)
    {
        LED = 1;
        delayms(500);
        LED = 0;
        delayms(500);
    }
}
```

要控制 LED 灯闪烁,其实就是亮一会,然后灭一会,然后再亮一会,如此重复即可。程序中增加了一个毫秒级的延时函数,这个延时不是非常精确,精确的延时以后再学习。

3. 单片机通过光敏电阻控制 LED 灯

实验中用到的光敏电阻在强光下的电阻为 0.5kΩ 左右,在室内照明灯光下的电阻为 13kΩ 左右,在无光照明下的阻值为 160kΩ 以上。结合实际的光敏电阻,本次实验串联的电阻 R_1 选择 10kΩ 的阻值,连接示意图如图 3.1.6 所示。串联电阻阻值的选择主要是让无强光照时光敏电阻端对地电压维持在一个对单片机来说是高电平的电压,普通的 TTL 电平的高电压要大于 2.4V。由于光敏电阻在室内照明环境下的电阻约为 13kΩ,串联的电阻为 10kΩ,因此能保证在室内照明环境下,光敏电阻端的电压能达到 2.4V 以上,维持一个高电平的特性。当有强光照射到光敏电阻时,其阻值会下降到 0.5kΩ 左右,此时光敏电阻端的电压对单片机来说就变成低电压,这样用单片机控制 LED 时就能非常直观地体现出来。当然在实际应用中,这个串联电阻要采用可调电阻器,根据实际光照环境来确定参考电压值,从而实现精确地控制。

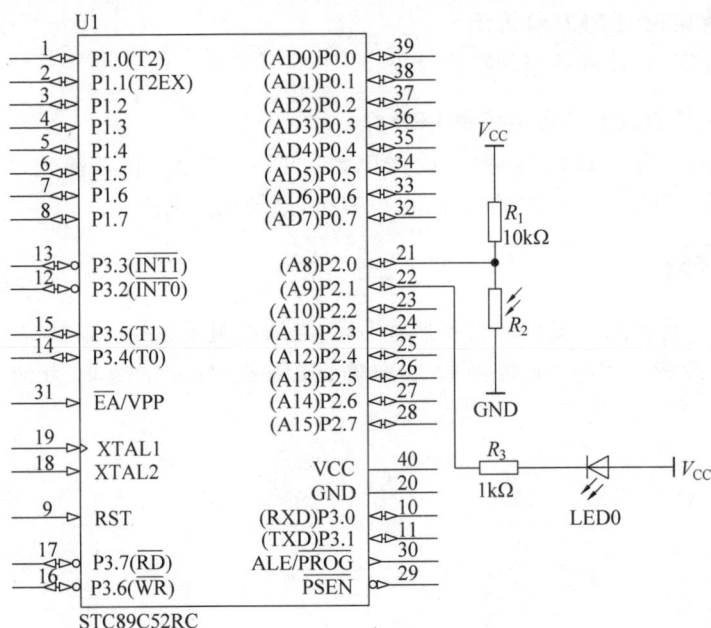

图 3.1.6 光敏电阻控制 LED 灯原理图

参考程序代码如下:

```
#include < reg52.h >
sbit Rg = P2^0;
sbit LED = P2^1;
void main()
{
    Rg = 1;
    while(1)
```

```
    {
        if(Rg == 0)              //有光照,需强光,可用手机闪光灯照射
        {
            LED = 0;
        }
        else                     //无光照
        {
            LED = 1;
        }
    }
}
```

【数据与结果】

1. 单片机点亮 LED 灯

LED 灯常亮,拍照记录实验过程。

2. 单片机控制 LED 灯闪烁

LED 灯闪烁,拍视频记录实验过程。

3. 单片机通过光敏电阻控制 LED 灯

用强光(手机 LED 灯等)照射光敏电阻,LED 灯常亮,移开强光,LED 灯灭。同时用万用表测量光敏电阻的变化,自拟表格,记录相关数据。

【思考题】

(1) 试着将控制逻辑设计成有光时不亮,光敏电阻被遮挡时才亮。

(2) 假设程序中的延时函数是准确的,那么 1ms 的延时为什么要循环 1000 次?

实验 3.2 单片机-光电二极管控制蜂鸣器

pn 结型光电二极管在感光耦合元件以及光电倍增管等设备中有着广泛应用。它们能够根据所受光的照度来输出相应的模拟电信号,或者在数字电路的不同状态间切换,如控制开关、数字信号处理。光电二极管常用来精确测量光强,因为它比其他光导材料具有更好的线性。光电二极管常与发光二极管合并在一起组成光电对管,实现对机械元件运动情况的非接触测量。光电二极管还在模拟电路与数字电路之间充当中介,将两段电路通过光信号耦合起来,提高电路的安全性。

pn 结型光电二极管一般不用来测量很低的光强。弱光情况下需要用到高灵敏度探测器,此时用 pin 结构的雪崩光电二极管或者光电倍增管就能发挥作用,例如天文学、光谱学、夜视设备、激光测距仪等应用产品。

【实验目的】

(1) 理解单片机工作的基本原理。
(2) 掌握光电二极管的工作特性和电路。
(3) 通过单片机、光电二极管控制蜂鸣器。

【实验原理】

1. 单片机工作的基本原理

单片机种类丰富,有经典的 51 系列、STC 系列、STM32、MSP430、Arduino,有带 WiFi、蓝牙功能的 ESP8266、ESP32,以及专用的语音识别、图像识别等功能的单片机,使用方面各有特色,可根据实际选择。本实验中选择比较经典的 51 系列单片机,采用 C 语言编程,可以将 C 语言课程与单片机技术或单片机原理及光电检测技术等相关课程联系起来。单片机原理在专门的课程里有介绍,对于没有学过单片机的,可以自学相关内容,本实验只强调如何使用单片机来进行光电检测的控制。单片机在工作时通过控制每个引脚的电平操控外部设备,单片机芯片如图 3.2.1 所示。一般情况下,引脚的电平只有高电平 1 和低电平 0 两种状态。标准 TTL 输入高电平最小 2V,输出高电平最小 2.4V,典型值 3.4V;输入低电平最大 0.8V,输出低电平最大 0.4V,典型值 0.2V。编程序时通过设置相应引脚的值为 1 或 0,即可指定该引脚的电平高低,从而控制外部设备。由于单片机本身输出电流有限,对于大电流驱动的设备,单片机只提供一个控制信号,然后利用继电器或者三极管实现控制。

图 3.2.1 单片机芯片

2. 光电二极管工作原理

光电二极管也叫作光敏二极管,如图 3.2.2 所示。光电二极管是由一个 pn 结构成的硅二极管,与普通二极管不同的是,它工作在反向偏置电压下。在受到光线照射时,由于光激发,它们在反向偏置电压的作用下,形成较大的反向电流,称为光电流。光的强度越大,产生的光电流也越大。当外电路接上负载时,光电流就在负载上产生电压降,光信号就转换成电信号。光电二极管的管芯没有光照时,电阻大,反向电流很小,称为暗电流。

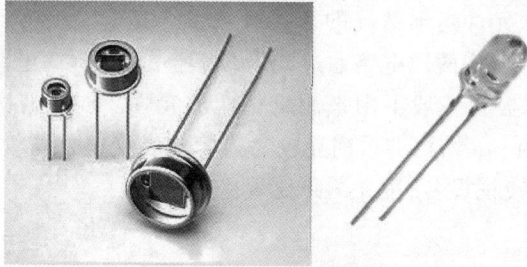

图 3.2.2 光电二极管

在零偏压下,光电二极管仍有光电流,这是光生伏特效应所产生的短路电流,如图 3.2.3 所示。在低反向偏置电压下,光电流随电压的变化比较敏感,随着 n 向偏压进一步增大,光生电场增强,提高了光吸收效率以及对载流子的收集,光电流增大,但反向偏压再进一步增大,光生载流子全部到达电极,光生电流趋向饱和,饱和光生电流与所加电压无关,仅取决于光照度。

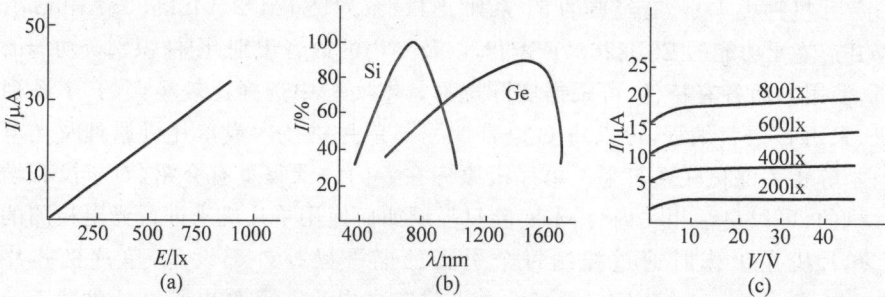

图 3.2.3 硅光电二极管的(a)光照特性、(b)光谱响应特性和(c)伏安特性

3. 光电二极管简单典型电路

光电二极管在外加偏压时,若 n 区接正端,p 区接负端,偏置电压与内建电场的方向相同则称光敏二极管处于反向偏置状态,对应的电路称为反向偏置电路。光电二极管反向偏置时,pn 结势垒区加宽,内建电场增强,从而减小了载流子的渡越时间,降低了结电容,进而得到较高的灵敏度、较大的频带宽度和较大的光电变

化线性范围。光电二极管工作时通常都采用反向偏置电路。

简单电路如图3.2.4所示,光电二极管在无光照条件下电阻高达150kΩ左右,在强光条件下电阻降到100~1000Ω。

4. 蜂鸣器(buzzer)工作原理

电磁式蜂鸣器(无源蜂鸣器)由振荡器、电磁线圈、磁铁、振动膜片及外壳等组成。接通电源后,振荡器产生的音频信号电流通过电磁线圈,使电磁线圈产生磁场。振动膜片在电磁线圈和磁铁的相互作用下周期性振动发声。图3.2.5所示是蜂鸣器的实物图。其两个引脚一长一短,其中长端为蜂鸣器的正端引脚,需要外加驱动电压较高的一方。

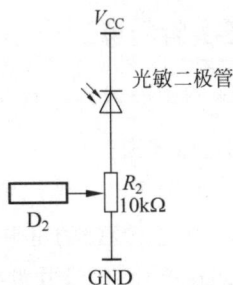

图3.2.4 简单反向偏置电路

蜂鸣器在发声时需要较大的流过电流,所以51单片机在对其进行扩展时必须有一定的驱动电流,此时可以使用外围的功率驱动元件来提供电流,最常见的功率驱动元件是三极管。图3.2.6所示是51单片机使用三极管驱动蜂鸣器的典型应用电路。在使用npn型三极管驱动蜂鸣器时,不能将蜂鸣器接到发射极。如果串接在发射极上,蜂鸣器会产生负反馈,这有可能导致三极管不能进入饱和导通状态,影响蜂鸣器正常鸣响。R_1起限流作用,R_2起下拉作用,这样可以提高三极管的关断速度。工作中三极管是处于截止状态或饱和导通状态,即管子的非线性应用。在电路关断之后,三极管V_{BE}段端电压由0.7V缓慢下降,三极管没有完全关断,且处于较长时间放大状态会损坏三极管,所以需要加一个下拉电阻R_2。若是R_2的阻值过大,则导致V_{BE}太大,也会损坏三极管。若是R_2的阻值过小,则导致整体电路损耗加大。

图3.2.5 无源蜂鸣器

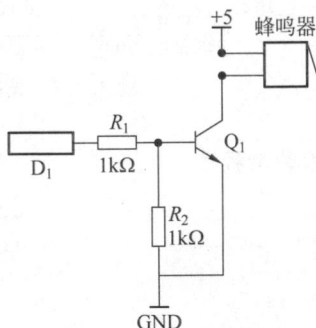

图3.2.6 蜂鸣器典型应用电路

【实验仪器】

单片机最小系统、光敏二极管、限流电阻、10kΩ可调电阻、无源蜂鸣器、面包板、杜邦线、电源、计算机、开发软件。

【实验内容】

实验中需要将所有元件安装在面包板上,保证电路连接的正确性。

1. 原理图

参照图 3.2.7 连接电路,注意光电二极管要反接,即负极接 V_{CC}。可调电阻一般取阻值在 $10k\Omega$ 的可调电阻,具体视光电二极管规格而定。原理图中蜂鸣器是直接连在单片机上,并没有加三极管,实验发现,如果只是简单地驱动一个功率很小的蜂鸣器,则也可以先省略三极管,后面对电路熟练了再考虑接三极管。在开发软件中编写以下代码,然后编译生成 hex 文件,烧写到单片机中。

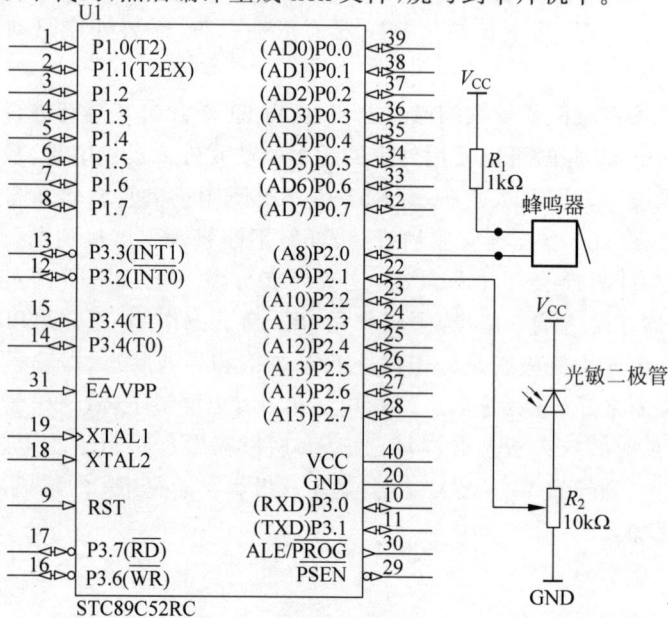

图 3.2.7 光敏二极管控制蜂鸣器

2. 实验参考程序

```
# include < reg52.h >        //此文件定义了单片机的一些特殊功能寄存器
# include < intrins.h >      //因为要用到左右移函数,所以加入这个头文件
sbit Rg = P2^1;
sbit beep = P2^0;
void Delay100us()            //@11.0592MHz,延时 100μs
{
    unsigned char i;
    _nop_();
    i = 43;
    while ( -- i);
}
void main()
```

```
{
    Rg = 0;
    while(1)
    {
        if(Rg == 1)                 //有光照,需强光,可用手机闪光灯照射
        {
            Delay100us();           //等待阻值稳定
            beep = ～beep;
            Delay100us();
        }
        else                        //无光照
        {
            beep = 0;
        }
    }
}
```

【数据与结果】

有光时蜂鸣器响,无光时蜂鸣器不响。同时用万用表测量光电二极管的电阻变化,自拟表格,记录相关数据。

【思考题】

(1) 如何理解光电二极管的反向偏置工作方式,其他传感器还有类似用法吗?

(2) 尝试修改控制逻辑为:无光时蜂鸣器响,有光时蜂鸣器不响,并思考对应的应用场景。

实验 3.3 单片机-热敏电阻制作温度计

【实验目的】

（1）理解单片机工作的基本原理。
（2）掌握热敏电阻的工作特性和电路。
（3）通过单片机、热敏电阻制作温度计。

【实验原理】

1. 单片机工作的基本原理

单片机种类丰富，有经典的 51 系列、STC 系列、STM32、MSP430、Arduino，有带 WiFi、蓝牙功能的 ESP8266、ESP32，以及专用的语音识别、图像识别等功能的单片机，使用方面各有特色，可根据实际选择。本实验中选择比较经典的 51 系列单片机，采用 C 语言编程，可以将 C 语言课程与单片机技术或单片机原理及光电检测技术等相关课程联系起来。单片机原理在专门的课程里有介绍，对于没有学过单片机的，可以自学相关内容，本实验只强调如何使用单片机来进行光电检测的控制。单片机在工作时通过控制每个引脚的电平来操控外部设备，单片机芯片如图 3.3.1 所示。一般情况下，引脚的电平只有高电平 1 和低电平 0 两种状态。标准 TTL 输入高电平最小 2V，输出高电平最小 2.4V，典型值 3.4V；输入低电平最大 0.8V，输出低电平最大 0.4V，典型值 0.2V。编程序时通过设置相应引脚的值为 1 或 0，即可指定该引脚的电平高低，从而控制外部设备。由于单片机本身输出电流有限，对于大电流驱动的设备，单片机只提供一个控制信号，然后利用继电器或者三极管实现控制。

图 3.3.1 单片机芯片

2. 热敏电阻工作原理

热敏电阻实物如图 3.3.2 所示。在一定温度下有一定的电阻，当它吸收电磁辐射后引起温度升高，测出温度升高所引起的电阻变化就可以确定所吸收的电磁辐射能量。热敏电阻特点如下：①温度系数大，灵敏度高，热敏电阻的温度系数常比一般金属电阻大 10～100 倍；②结构简单，体积小，可以测量近似几何点的温度；③电阻率高，热惯性小，适宜做动态测量；④阻值与温度的变化关系呈非线性；⑤稳定性和互换性较差。

对于金属材料，自由电子密度很大，外界光作用所引起的自由电子密度相对变化可忽略不计。吸收电磁辐射以后，使晶格振动加剧，妨碍了自由电子作定向运

图 3.3.2 热敏电阻

动。因此,当电磁辐射作用于金属元件使其温度升高时,其电阻略有增加,也即由金属材料制作的热敏电阻具有正温度特性,而由半导体材料制成的热敏电阻具有负温度特性。

3. 电阻-温度特性

如图 3.3.3 所示为半导体材料和金属材料(白金)的电阻-温度特性曲线。白金的电阻温度系数为正值,大约为 $0.37℃^{-1}$;半导体材料热敏电阻的温度系数为负值,为 $-6\sim-3℃^{-1}$,约为白金的 10 倍以上。所以在温度不高时,热敏电阻探测器常用半导体材料制作,很少采用贵重的金属。

电阻-温度特性是指光敏电阻与温度之间的关系曲线,由热敏材料决定。通常用温度系数 α_T 表征,α_T 定义为

$$\alpha_T = \frac{1}{R_T}\frac{dR_T}{dT} \qquad (3.3.1)$$

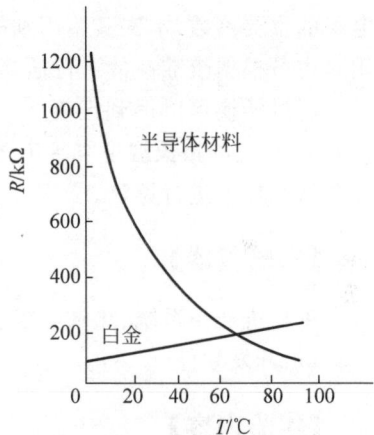

图 3.3.3 电阻-温度特性曲线

其中,T 为热力学温度;R_T 为对应于温度 T 时的热敏电阻的阻值;α_T 与材料和温度有关,单位为 K^{-1}。对于大多数金属材料,其电阻温度系数为正值,其值为 10^{-3} 量级,且 $\alpha_T \approx 1/T$;对于大多数半导体材料,其电阻温度系数为负值,其值为 10^{-3} 量级,且 $\alpha_T \approx -3\times10^3/T$。

4. 热敏电阻典型电路

热敏电阻应用的简单电路如图 3.3.4 所示,已知热敏电阻温度系数 α_T 后,当热敏电阻接受入射辐射后,所引起的温度变化为 ΔT,在温度变化不大时,其阻值变化量为

$$\Delta R_T = \alpha_T R_T \Delta T \qquad (3.3.2)$$

在图 3.3.4 中,可以得出 $V_o = \dfrac{V_{CC}}{R_T + R_1}R_T$,这里 R_1 是已知的,可以根据实物

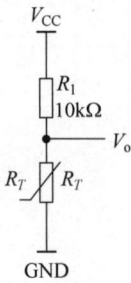

图 3.3.4 热敏电阻典型
工作电路

热敏电阻设定 R_1 为 10kΩ，从而得知 R_T 两端的电压为 $R_T = \dfrac{V_o}{V_{CC} - V_o} R_1$，而 V_o 用单片机模数转换可以得出，再根据热敏电阻的特性，可以转换成温度值，下面介绍一下热敏电阻温度计算。

在 C 语言编程时，负温度系数(NTC)热敏电阻温度计算公式可根据图 3.3.3 的变化趋势，拟合成一个指数衰减函数，通常可表示为

$$R_T = R_P * \exp[B * (1/T_1 - 1/T_2)] \quad (3.3.3)$$

其中，T_1 和 T_2 单位是 K，即开尔文温度；R_T 是热敏电阻在 T_1 温度下的阻值；R_P 是热敏电阻在 T_2 常温下的标称阻值，本实验所用的热敏电阻在 25℃的阻值为 10kΩ，即 $R_P = 10$kΩ，$T_2 = (273.15 + 25)$K；B 是热敏电阻的重要参数，本次实验用到的热敏电阻型号取值为 $B = 3435$，不同外部环境使用时也可根据校准参数进行适当修正。

通过转换可以得到温度 T_1 与电阻 R_T 的关系为 $T_1 = 1/[\ln(R_T/R_P)/B + 1/T_2]$，对应的摄氏温度 $T = T_1 - 273.15 + 0.5$，其中 0.5 为误差矫正值，可根据实际测量及校准进行调整。

【实验仪器】

单片机最小系统、热敏电阻、限流电阻、LCD1602 模块、面包板、杜邦线、电源、计算机、开发软件。

【实验内容】

实验中需要将所有元件安装在面包板上，保证电路连接的正确性。

1. 电路连接

按图 3.3.5 连接电路，在开发软件中编写以下代码，然后编译生成 hex 文件，烧写到单片机中。

2. 实验参考程序

程序思路为：STC12C5A60S2 芯片内有自带模数转换器(ADC)，从而直接利用 AD 转换，首先将热敏电阻两端电压值进行采集，然后将电压值转换成电阻值，再把电阻值转换成温度值，最后把温度值送到 LCD1602 中显示出来即可。本段程序使用了两个专用的库函数 LCD1602.h 和 ADC.h。这些库函数包含了液晶显示(LCD)和 ADC 采集的设置以及可以调用的函数，一般都由制造商提供。用户不用太多关心其内部函数设计，先学会如何调用函数来正确使用即可。

```
# include "STC12.h"
# include < intrins.h >
```

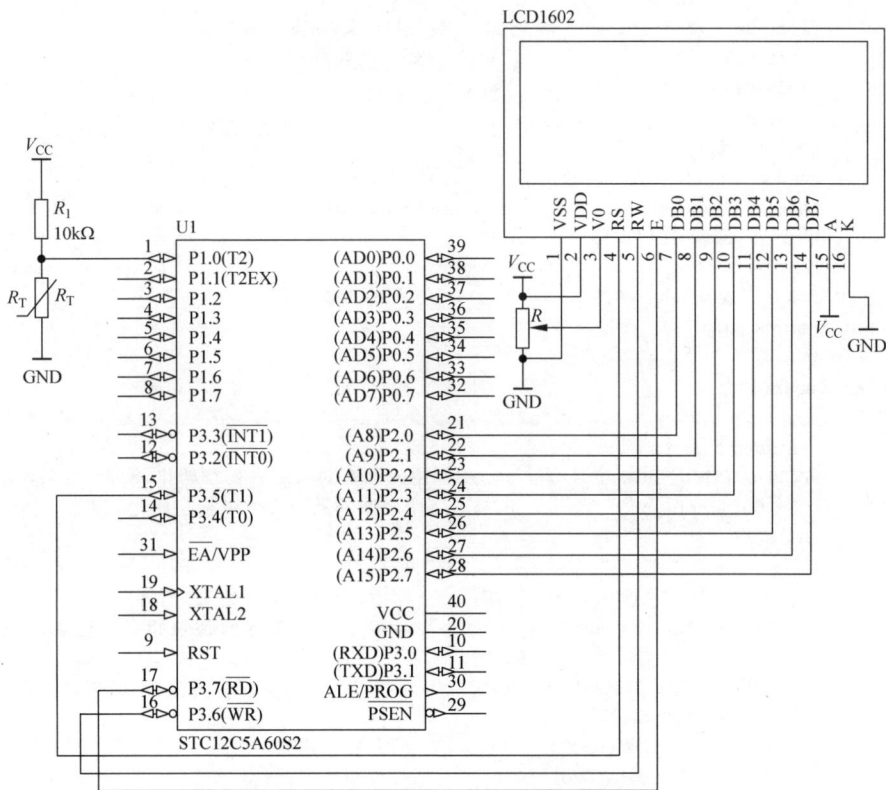

图 3.3.5　单片机采集热敏电阻原理图

```
# include < math. h>
# include "LCD1602. h"
# include "ADC. h"
typedef unsigned char uchar;
typedef unsigned int uint;
void Delay_ms(uint time)              //利用软件延时,占用 CPU,经调试最小单位大约为 1ms
{
    uint i,j;
    for(i = 0;i < time;i ++)
        for(j = 0;j < 930;j ++);
}
float temp_Get_R(unsigned char adct) //自编函数,由 ADC 测量到的电压计算热敏电阻阻值
{
    float v1 = (float)(adct * 5)/256; //高八位在 ADC_RES,热敏电阻上的电压
    float v2 = 5 - v1;
    float r = (v1/v2) * 10;            //本实验串联电阻为 10kΩ
    return r;
}
float Get_Temp(unsigned char t)       //自编函数,计算温度
{
    float Rp = 10.0;                  //热敏电阻在 25℃ 下电阻 10kΩ
```

```
    float T2 = (273.15 + 25.0);        //25℃下的 T2
    float Bx = 3435.0;                 //热敏电阻的重要参数 B
    float Ka = 273.15;                 //开尔文温度
    float temp;
    float Rt = temp_Get_R(t);
    temp = Rt/Rp;
    temp = log(temp);                  //ln(Rt/Rp)
    temp = temp/Bx;                    //ln(Rt/Rp)/B
    temp = temp + (1/T2);
    temp = 1/(temp);
    temp = temp - Ka + 0.5;            //0.5 的误差矫正
    return temp;
}
void main()
{
    unsigned char temp1;
    ADC_Init(ADC_PORT0);               //调用库函数对 ADC 进行初始化,配置 AD 采集端口
    LCD_1602_Init();                   //调用库函数对 LCD 进行初始化
    while(1)
    {
        Write_1602_Com(CLEAR_SCREEN);          //LCD 库函数,清屏
        Write_1602_String("temperature",0x80);  //LCD 库函数,在指定位置显示字符串
        Write_1602_String(":",0x8b);
        temp1 = Get_Temp(GetADCResult(0)); //调用 ADC 库函数,获取电压,再计算成温度
        Write_Num(temp1,0xc0);
        Write_1602_Com(0xc2);              //右移两格
        Write_1602_Data(0xdf);             //摄氏度,符号"℃"
        Write_1602_String("C",0xc3);       //摄氏度,符号"℃"
        Delay_ms(100);
    }
}
```

【数据与结果】

给热敏电阻加热,LCD1602 显示温度逐渐升高,给热敏电阻降热,LCD1602 显示温度逐渐降低,可实现简易的温度测量。

【思考题】

(1) 依据金属热敏探测器和半导体热敏探测器的特性,分析它们分别适合应用的场合。

(2) 热敏电阻能设计成测量冰的温度吗?

实验 3.4 单片机-光照度测量

【实验目的】

(1) 理解单片机工作的基本原理。

(2) 掌握照度测量基本原理。

(3) 通过单片机和照度传感器实现光照度测量。

【实验原理】

1. 单片机工作的基本原理

单片机种类丰富,有经典的 51 系列、STC 系列、STM32、MSP430、Arduino,有带 WiFi、蓝牙功能的 ESP8266、ESP32,以及专用的语音识别、图像识别等功能的单片机,使用方面各有特色,可根据实际选择。本实验中选择比较经典的 51 系列单片机,采用 C 语言编程,可以将 C 语言课程与单片机技术或单片机原理及光电检测技术等相关课程联系起来。单片机原理在专门的课程里有介绍,对于没有学过单片机的,可以自学相关内容,本实验只强调如何使用单片机来进行光电检测的控制。单片机在工作时通过控制每个引脚的电平来操控外部设备,单片机芯片如图 3.4.1 所示。一般情况下,引脚的电平只有高电平 1 和低电平 0 两种状态。标准 TTL 输入高电平最小 2V,输出高电平最小 2.4V,典型值 3.4V;输入低电平最大 0.8V,输出低电平最大 0.4V,典型值 0.2V。编程序时通过设置相应引脚的值为 1 或 0,即可指定该引脚的电平高低,从而控制外部设备。由于单片机本身输出电流有限,对于大电流驱动的设备,单片机只提供一个控制信号,然后利用继电器或者三极管实现控制。

图 3.4.1 单片机芯片

2. 光照度

在光学中,为了对光辐射进行定量描述、探测和计量,存在辐射度单位和光照度单位两套体系。辐射度体系中,主要研究辐射客体,基本物理量通常用辐射能或辐射通量,单位分别为焦耳和瓦,且其辐射频率可以覆盖整个电磁波波段。而光照度单位体系是反映视觉亮暗特性的计量单位,基本物理量是发光强度,通常只包含可见光领域。由于人眼的视觉细胞对不同波长的光有不同响应,所以不同波长光的辐射功率相等时,人眼感受到的强度却有所不同。

发光强度用于表示光源给定方向上单位立体角内光通量的物理量,国际单位为坎德拉,符号为"cd"。1cd 是发出 540×10^{12} Hz 频率的光的单色辐射源在给定方向上的发光强度,该方向上的辐射强度为 $\frac{1}{683}$ W/sr。发光强度和辐射强度(W/sr)对应,只是在光度单位中强调了光源频率,且相对值有所减小。而辐射度中常用的辐射通量常用功率来描述,单位为瓦。在光度学中对应的光通量,其单位为流明(lm)。辐射照度单位是 W/m²,光照度单位是 lm/m²,也常用"勒克斯",简称"勒",符号为"lx",1lx 等于 1lm/m²。

3. 照度传感器

光照度传感器是以光电效应为基础,将光信号转换成电信号的装置。本实验用到的照度传感器模块 BH1750FVI 是一款数字型光强度传感器微控制器(MCU),能够对光照度进行测量、计算、数据通信输出。使用时只需进行相应的数据通信设置,如集成电路总线(IIC)、串口通信(UART)、显示编程,即可获取光照度测量数据。实物如图 3.4.2 所示,各引脚功能见表 3.4.1。

图 3.4.2 照度传感器

表 3.4.1 引脚功能参数

名　称	功　　能
VCC	模块电源,3.3V 或 5V 输入
RX	串行数据输入,TTL 电平
TX	串行数据输出,TTL 电平
GND	地线
SCL	IIC 时钟线,时钟输入引脚,由 MCU 输出时钟
SDA	IIC 数据线,双向输入输出(IO)口,用来传输数据
INT	光强芯片中断(INT)引脚
SWIM	芯片单线接口模块(SWIM)引脚
ADDR	IIC 地址线,接 GND 时器件地址为 0100011,接 VCC 时器件地址为 1011100
DVI	芯片数字视频接口(DVI)引脚

BH1750FVI 模块获取数据有两种方法:一种是用计算机通过串口通信软件,发送模块内置的注意命令(AT)读取数据,直接输出到计算机上显示测量结果;另一种可以用单片机进行编程,用串口或者 IIC 通信协议读取模块测量数据,然后显示在单片机控制的显示屏上。用计算机获取数据比较简单方便,可以对模块进行测试使用,如果要做成独立使用的测量系统,就需要用单片机独立控制。

对于一些集成化的测量模块,系统一般都会提供一些 AT 指令,方便直接用计算机连接进行初步测试和功能设置。使用 AT 指令时需要使用 USB 转 TTL 模块将测试模块与计算机连接,然后使用配套上位机软件或普通的串口调试软件发送

AT 指令即可,本模块 AT 指令集见表 3.4.2。

表 3.4.2　AT 指令集

指　　令	功　　能	回复内容格式
AT	检测连接是否正常	OK
AT+UART=0	更改波特率为 115200	OK
AT+UART=1	更改波特率为 9600	OK
AT+ID=?	查询模块 ID(0—254)	+ID=<ID>
AT+ID=<0—254 的数字>	更改 Moudbus 地址	OK
AT+INIT	传感器初始化	INIT SUCCES
AT+PRATE=0	设置为单次回传模式	OK Ligth=<照度>lx
AT+PRATE=<100-10000>	设置回传时间单位 ms	OK Ligth=<照度>lx
	错误指令	ERROR

注:在串口调试软件发送指令时,所有的 AT 指令以回车换行符结束(勾选"增加换行符")。

【实验仪器】

单片机最小系统、光照度传感器模块、杜邦线、面包板、电源、计算机、开发软件。

【实验内容】

1. AT 指令测试

将 USB 转串口模块与照度模块按照图 3.4.3 正确连线,模块的 VCC、TXD、RXD、GND 分别与 USB 串口模块的 5V、RXD、TXD、GND 对应相接。注意,TXD 和 RXD 需要交叉,即 TXD 接 RXD,RXD 接 TXD。USB 端与计算机连接前,需要安装好 USB-TTL 模块对应的驱动 CH340,不同操作系统可能有差异。驱动安装好后接上 USB 端,此时打开计算机设备管理器,查询到对应的端口号。注意,不同计算机该端口号可能不一样,记住该端口号,后面软件部分要用到。

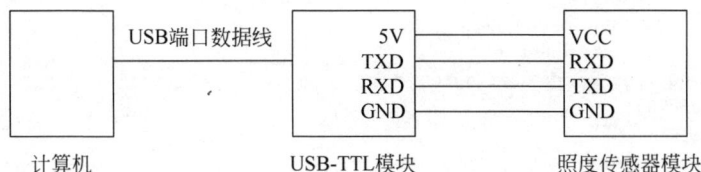

图 3.4.3　USB 转串口连接示意图

硬件连接正确后,打开串口调试软件,选择端口为上面设备管理器里分配的端口号,波特率选择到 115200,校验位无,停止位 1,发送和接收都为文本模式,不勾选 HEX 发送、显示,勾选回车换行选项,打开串口,测试 AT 指令见表 3.4.3。

表 3.4.3　AT 指令设置测试

序　　号	发送 AT 指令	返 回 信 息	说　　明
1	AT	OK	模块连接通信正常,如无则返回,可选择波特率为 9600,或检查回车换行选项是否勾选后继续测试
2	AT + UART =1	OK	更改波特率为 9600,方便单片机编程,更改后串口调试软件也需修改为 9600
3	AT+PRATE =1000	Light = **** * lx	设置 1000ms 自动测量一次并返回测量数据,该时间间隔可根据需要自行修改,接收窗口会不断收到 Light= ***** lx,"*****"为照度数值,最大为 65535
4	AT+INIT	INIT SUCCES	保存上面的设置,重新启动模块

设置好模块参数后,多次测量不同的光照强度,确保模块正常工作。

2. 单片机获取数据

实验中需要将所有元件安装在面包板上,保证电路连接的正确性。

按照图 3.4.4 连接单片机和液晶显示电路,按照图 3.4.5 连接照度传感器模块和单片机。特别注意,TXD 和 RXD 需要交叉,即 TXD 接 RXD,RXD 接 TXD。

通过上面的 AT 指令测试,可以对回传的照度数据进行简单的分析,以便更好地在液晶上显示。照度返回的数据为 Light= ***** lx,其中 ***** 是 0～65535 变化的值。因此每次返回的数据长度不一样,液晶显示时为了不影响显示效果,每次显示前先清屏一次,这样数据就不会有混乱的现象。更好的方法是将获取到的数据提取出数值部分,这样运算、显示都比较方便。在开发软件中编写以下代码,然后编译生成 hex 文件,烧写到单片机中。

3. 实验参考程序

```
# include < reg52.h >
# include < string.h >
# include "LCD1602.h"
# define uchar unsigned char
# define uint   unsigned int
uchar i = 0, flag_start = 0, flag_end = 0;
uchar buf[20];
void UsartInit()
{
    SCON = 0x50;                        //设置为工作方式 1
    TMOD = 0x20;                        //设置计数器工作方式 2
    TH1 = 0xfd;                         //计数器初始值设置,波特率是 9600
    TL1 = 0xfd;
    ES = 1;                             //打开接收中断
    EA = 1;                             //打开总中断
```

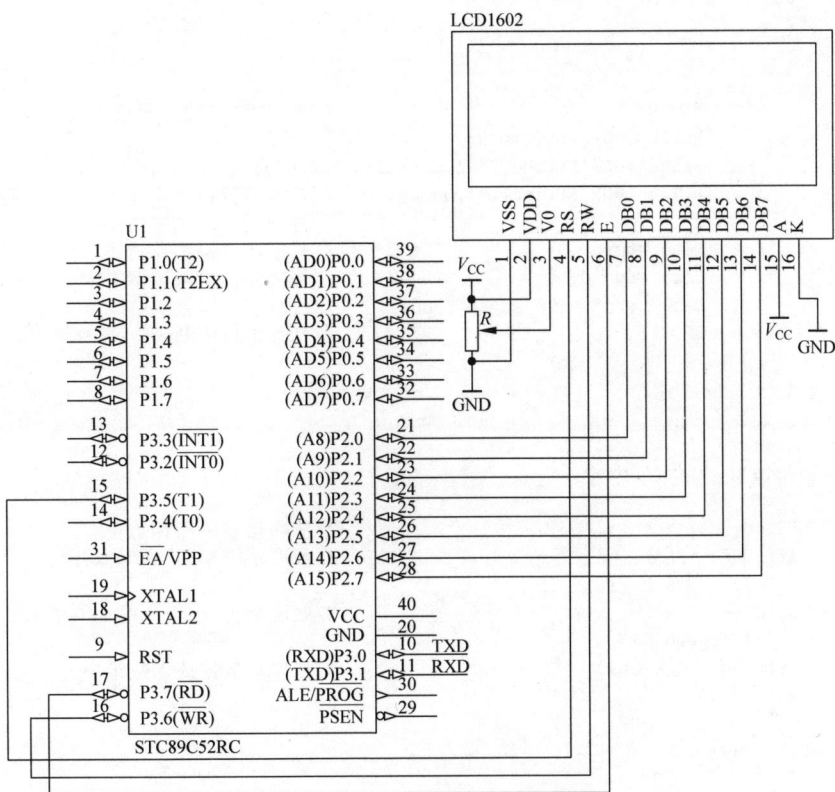

图 3.4.4　光照度测量原理图

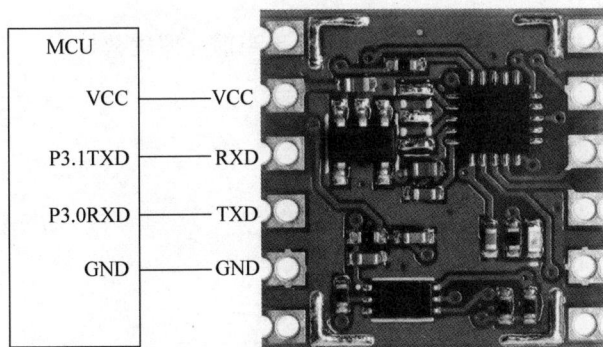

图 3.4.5　照度传感器模块连接示意图

```
    TR1 = 1;                            //打开计数器
    TI = 1;                             //用 printf 函数发送
}
void main()
{
    UsartInit();                        //串口初始化
    LCD_1602_Init();
```

```
        while(1)
        {
            if(flag_end == 1)
            {
                ES = 0;                                //关闭串口中断,避免干扰
                Write_1602_Com(0x01);                  //清屏
                Write_1602_String("illumination:",0x80);
                Write_1602_String(buf,0xc0);           //把串口数据显示在1602第二行
                i = 0;                                 //每循环一次都要清零
                flag_start = 0;                        //每循环一次都要清零
                flag_end = 0;                          //每循环一次都要清零
                memset(buf,0x00,sizeof(buf));          //清空字符串数据
                ES = 1;                                //打开串口中断
            }
        }
    }

    void Usart() interrupt 4
    {
        RI = 0;                                        //清除接收中断标志位
        if(SBUF == 'L')                                //截取字符串,从大写L开始
            flag_start = 1;
        if(SBUF == 'x')                                //截取字符串,以小写x结束
            flag_end = 1;
        if(flag_start == 1)                            //把串口数据放入数组中
        {
            buf[i] = SBUF;
            i++;
        }
    }
```

4. 实验结果

连接好电路,烧录程序,LCD1602 显示出当前光照度数据。

实验 3.5　单片机-超声波测距

【实验目的】

(1) 了解单片机工作的基本原理。

(2) 理解超声波的工作原理和特性。

(3) 通过单片机和超声波模块实现距离测量。

【实验原理】

1. 单片机工作的基本原理

单片机种类丰富,有经典的 51 系列、STC 系列、STM32、MSP430、Arduino,有带 WiFi、蓝牙功能的 ESP8266、ESP32,以及专用的语音识别、图像识别等功能的单片机,使用方面各有特色,可根据实际选择。本实验中选择比较经典的 51 系列单片机,采用 C 语言编程,可以将 C 语言课程与单片机技术或单片机原理及光电检测技术等相关课程联系起来。单片机原理在专门的课程里有介绍,对于没有学过单片机的,可以自学相关内容,本实验只强调如何使用单片机来进行光电检测的控制。单片机在工作时通过控制每个引脚的电平来操控外部设备,单片机芯片如图 3.5.1 所示。一般情况下,引脚的电平只有高电平 1 和低电平 0 两种状态。标准 TTL 输入高电平最小 2V,输出高电平最小 2.4V,典型值 3.4V;输入低电平最大 0.8V,输出低电平最大 0.4V,典型值 0.2V。编程序时通过设置相应引脚的值为 1 或 0,即可指定该引脚的电平高低,从而控制外部设备。由于单片机本身输出电流有限,对于大电流驱动的设备,单片机只提供一个控制信号,然后利用继电器或者三极管实现控制。

图 3.5.1　单片机芯片

2. 超声波测距原理

超声波测距是指在超声波发射装置发出超声波,根据接收器接到超声波时的时间差来计算距离,如图 3.5.2 所示。超声波发射器向某一方向发射超声波,在发射的时刻同时开始计时,超声波在空气中传播,途中碰到障碍物就立即发射回来,超声波接收器收到反射波后停止计时,从而计算出发射端到障碍物的距离。

实验中用到的超声波测距模块为 HC-SR04,如图 3.5.3 所示,该模块可提供 2~400cm 的非接触式距离感测功能,测距精度约 3mm。模块包括超声波发射器、接收器与控制电路。

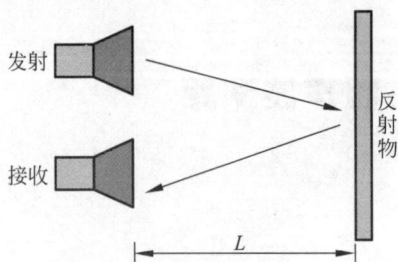

图 3.5.2 超声波测距原理示意图

图 3.5.3 超声波测距模块

基本工作原理：①触发(TRIG)引脚接收到一个最少 $10\mu s$ 的高电平信号来触发模块发射超声波,这相当于一个开关,使用时用单片机输入/输出(IO)口输出高电平脉冲即可触发,如图 3.5.4 所示;②收到触发信号后,模块发射端发送 8 个 40kHz 的方波,发射结束后,接收模块开始工作,保持一个高电平状态,检测是否有信号返回;③当有信号返回时,接收端(ECHO)电平会下降到低电平状态,因此高电平持续的时间就是超声波从发射到返回的时间,测试距离＝高电平时间 * 声速/2。

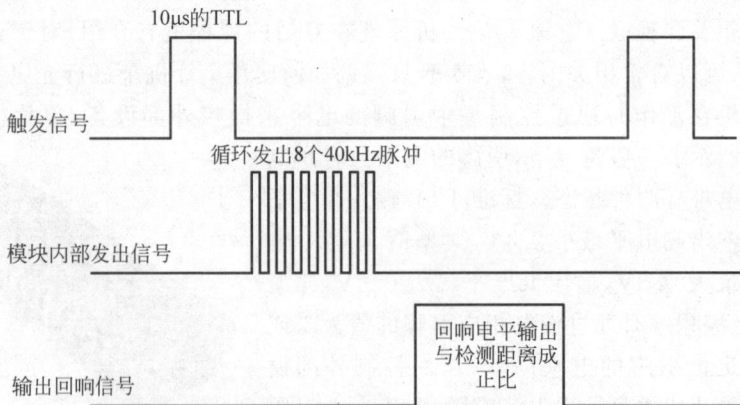

图 3.5.4 超声波测距模块时序图

【实验仪器】

单片机最小系统、超声波模块、杜邦线、面包板、示波器、电源、计算机、开发软件。

【实验内容】

实验中需要将所有元件安装在面包板上,保证电路连接的正确性。

1. 原理图

按照图 3.5.5 连接电路,在开发软件中编写以下代码,然后编译生成 hex 文件,烧写到单片机中,附录中有如何编译和烧写程序的说明文档。注意,模块不宜带电连接,连接时先让模块的 GND 端与单片机 GND 连接,否则会影响模块的正常工作。测距时,被测物体的面积不少于 $0.5m^2$ 且平面尽量平整,否则影响测量的结果。

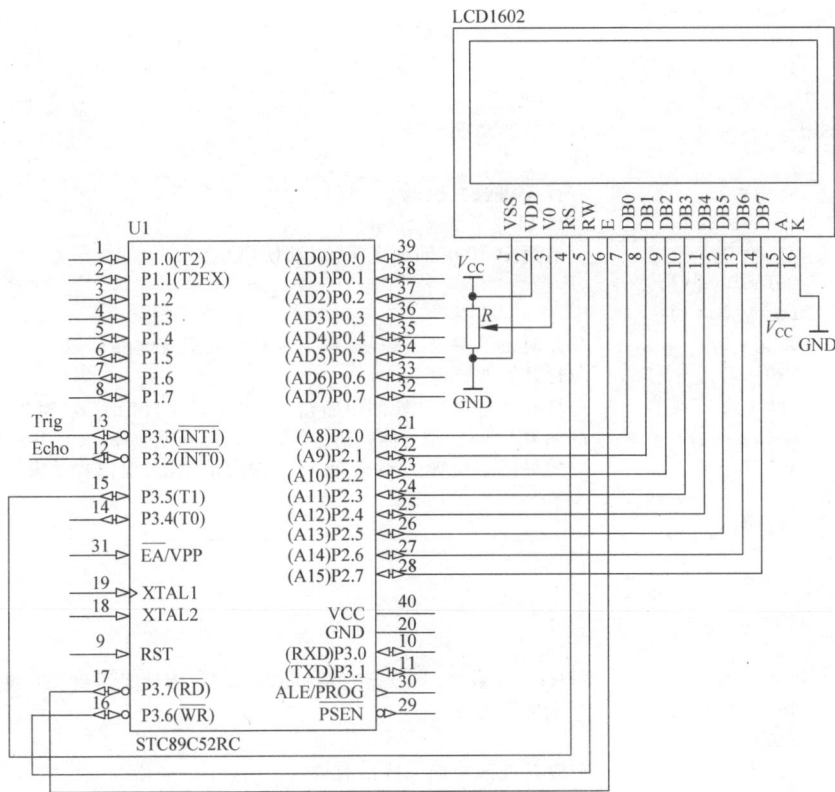

图 3.5.5 超声波测距原理图

2. 实验参考程序

```
# include < reg52.h>
# include < intrins.h>
# include "LCD1602.h"
typedef unsigned char uchar;
typedef unsigned int uint;
sbit Echo = P3^2;        //利用下降沿来触发中断
sbit Trig = P3^3;        //触发信号脚
float dis;               //距离的缓存
uchar flag;              //中断标志位
void delayms(uchar x)    //@11.0592MHz,1ms
```

```
{
    uint i,j;
    for(i = 0;i < x;i++)
    {
        for(j = 0;j < 110;j++);
    }
}
void Delay10us()          //@11.0592MHz,10μs
{
    unsigned char i;
    i = 2;
    while ( -- i);
}
void distance()           //计算距离的函数
{
    Trig = 0;                 //首先将触发拉低
    Delay10us ();             //IO 口电平变换延时
    Trig = 1;                 //给至少 10μs 的高电平,启动模块
    Delay10us ();
    Delay10us ();
    Trig = 0;                 //此时已经触发了模块,接下来立刻开启定时器计数
    TR0 = 1;                  //打开定时器 0
    EX0 = 1;                  //打开外部中断,外部中断输入为 P3^2,下降沿有效,触发中断
    delayms(1);               //如果不等待,则可能就错过计算 dis,陷入死循环,永远无法得出值
    if(flag == 1)             //如果标志位置 1,则表示 Echo 输出下降沿,即接收结束
    {
        flag = 0;
    }
}
void Timer0Init()
{
    TMOD = 0x01;              //16 位计数器,只要定时器里的值就行,因此无需将 TF0 置 1
    TH0 = 0;                  //全部设为 0
    TL0 = 0;
    IT0 = 1;                  //设置外部中断下降沿有效
    EA = 1;                   //开总中断
}
void display(float dis)
{
    uint bai,shi,ge,p1,p2;        //分别是百位依次向下,到小数点后两位
    bai = dis/100;
    shi = (dis - bai * 100)/10;
    ge = dis - bai * 100 - shi * 10;
    p1 = (dis * 10) - bai * 1000 - shi * 100 - ge * 10;
    p2 = (dis * 100) - bai * 10000 - shi * 1000 - ge * 100 - p1 * 10;
    Write_1602_Data(0x30 + bai);     //将数字转换为字符,必须 + 0x30
    Write_1602_Data(0x30 + shi);
    Write_1602_Data(0x30 + ge);
    Write_1602_Data('.');
    Write_1602_Data(0x30 + p1);
```

```
        Write_1602_Data(0x30 + p2);
}
void main()                 //主函数
{
    Timer0Init();
    LCD_1602_Init();
    while(1)
    {
        Write_1602_String("distance:",0x80);
        Write_1602_String("cm",0xc6);
        distance();
        Write_1602_Com(0xc0);       //显示在第二行第一列为起始位
        display(dis);
        delayms(60);
    }
}
void ex() interrupt 0    //外部中断的中断函数
{
    TR0 = 0;                //TH0 和 TL0 会自动累加,一旦有下降沿会立马停止定时器计数
    dis = (TH0 * 256 + TL0) * 1.7/100; //先取出定时器里的时间值,之后再将定时器置 0
    flag = 1;               //将标志位置 0
    TH0 = 0;
    TL0 = 0;
}
```

【数据与结果】

连接好电路,烧录程序,LCD1602 显示出当前距离。由于空气中的声速受温度、湿度的影响,程序里用的声速不一定非常准确,可以多次测量一些标准距离来修正声速的值,直到测量距离和标准距离误差较小。自拟表格,记录多次定标参数和测量结果。

【思考题】

(1) 超声波探测器测距离时,为什么会有一个最小和最大的测量范围?

(2) 能不能只用一个超声波发生器实现既发射又接收? 分析其优缺点。

实验 3.6　单片机-压力传感器

【实验目的】

（1）理解单片机工作的基本原理。

（2）掌握压力传感器模块工作特性和电路。

（3）通过单片机和压力传感器实现称重。

【实验原理】

1. 单片机工作的基本原理

单片机种类丰富,有经典的 51 系列、STC 系列、STM32、MSP430、Arduino,有带 WiFi、蓝牙功能的 ESP8266、ESP32,以及专用的语音识别、图像识别等功能的单片机,使用方面各有特色,可根据实际选择。本实验中选择比较经典的 51 系列单片机,采用 C 语言编程,可以将 C 语言课程与单片机技术或单片机原理及光电检测技术等相关课程联系起来。单片机原理在专门的课程里有介绍,对于没有学过单片机的,可以自学相关内容,本实验只强调如何使用单片机来进行光电检测的控制。单片机在工作时通过控制每个引脚的电平来操控外部设备,单片机芯片如图 3.6.1 所示。一般情况下,引脚的电平只有高电平 1 和低电平 0 两种状态。标准 TTL 输入高电平最小 2V,输出高电平最小 2.4V,典型值 3.4V;输入低电平最大 0.8V,输出低电平最大 0.4V,典型值 0.2V。编程序时通过设置相应引脚的值为 1 或 0,即可指定该引脚的电平高低,从而控制外部设备。由于单片机本身输出电流有限,对于大电流驱动的设备,单片机只提供一个控制信号,然后利用继电器或者三极管实现控制。

2. 压力传感器模块

电阻应变式压力传感器如图 3.6.2 所示,其工作原理可以概述为:将应变片粘贴到受力的力敏型弹性元件上,当弹性元器件受力产生变形时,应变片产生相应的变化,进而使电阻阻值发生变化,由力引起的阻值变化转换为电压的变化,通过测量输出电压以及相应的计算即可得出物体的质量。总体来看,就类似一个非平衡电桥。

金属丝式应变片示意图如图 3.6.3 所示,其是由直径为 0.02~0.05mm 的锰白铜丝或者镍铬丝绕成栅状,夹在两层绝缘薄片(基底)中制成,用镀锡铜线与应变片的丝栅连接,作为应变片引线。

图 3.6.1 单片机芯片

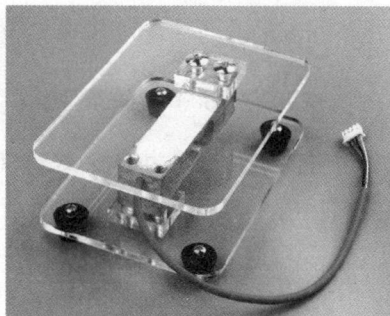

图 3.6.2 电阻应变式压力传感器

电阻应变片的工作原理是基于应变效应,即导体或半导体材料在外界力的作用下产生机械形变时,其电阻值相应发生变化,这种现象称为"应变效应"。金属丝电阻 R 可表示为

$$R = \rho \frac{L}{S} = \rho \frac{L}{\pi r^2} \tag{3.6.1}$$

其中,ρ 是电阻率;L 是电阻丝长度;S 是电阻丝截面积。当沿金属丝的长度方向施加均匀力时,r 和 L 都将发生变化,导致电阻值的变化。金属丝受外力作用而伸长时,长度增加,而截面积减少,电阻值会增大;当金属丝受外力作用而压缩时,长度减小,而截面增加,电阻值会减小,阻值变化通常较小。

电阻应变片就是根据电阻的变化从而得知电压的变化,首先介绍一下桥式测量转换电路的输出电压,如图 3.6.4 所示。

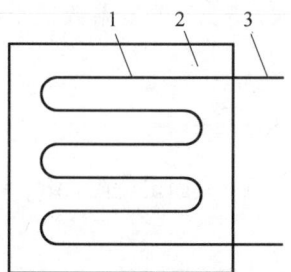

1—电阻丝;2—基片;3—引脚。

图 3.6.3 金属丝式应变片

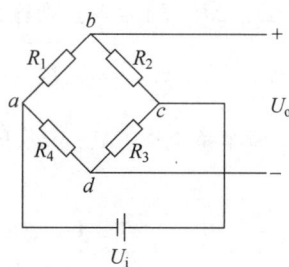

图 3.6.4 基本应变桥路

电桥的一对对角线结点 a、c 接入桥路激励电源电压 U_i,另一对对角线结点 b、d 输出电压 U_o。当电桥输出端的负载电阻为无限大时,以激励电源的负极为参考点,则有

$$U_o = U_{ba} - U_{da} = U_i \left(\frac{R_1}{R_1 + R_2} - \frac{R_4}{R_3 + R_4} \right) = U_i \frac{R_1 R_3 - R_2 R_4}{(R_1 + R_2)(R_3 + R_4)}$$

$$\tag{3.6.2}$$

为了使电桥在测量前的输出电压为零,应该选择 4 个桥臂电阻,使 $R_1 R_3 = R_2 R_4$ 或 $\dfrac{R_1}{R_2} = \dfrac{R_4}{R_3}$,这就是电桥平衡的条件。

设备桥臂的初始电阻为 $R_1 = R_2 = R_3 = R_4 = R$,当 4 个桥臂电阻分别产生微小变化,变为 $R_1 + \Delta R_1$、$R_2 + \Delta R_2$、$R_3 + \Delta R_3$、$R_4 + \Delta R_4$ 时,由式(3.6.2)可得

$$U_o = U_i \frac{(R + \Delta R_1)(R + \Delta R_3) - (R + \Delta R_2)(R + \Delta R_4)}{(2R + \Delta R_1 + \Delta R_2)(2R + \Delta R_3 + \Delta R_4)} \tag{3.6.3}$$

整理得

$$U_o = U_i \frac{R(\Delta R_1 - \Delta R_2 - \Delta R_4 + \Delta R_3) + \Delta R_1 \Delta R_3 - \Delta R_2 \Delta R_4}{(2R + \Delta R_1 + \Delta R_2)(2R + \Delta R_3 + \Delta R_4)} \tag{3.6.4}$$

当每个桥臂电阻变化值 $\Delta R_i \ll R_i (i = 1, 2, 3, 4)$ 时,可省略 ΔR 的高次项,电桥的开路输出电压可用式(3.5.4)近似表示

$$U_o \approx \frac{U_i}{4} \left(\frac{\Delta R_1}{R} - \frac{\Delta R_2}{R} + \frac{\Delta R_3}{R} - \frac{\Delta R_4}{R} \right) \tag{3.6.5}$$

由于 $\dfrac{\Delta R_i}{R_i} = K_i \varepsilon_i$,当各桥臂应变片的灵敏度 K_i 都相同时,有 $K_i = K_1 = K_2 = K_3 = K_4$,则有

$$U_o = \frac{U_i}{4} K (\varepsilon_1 - \varepsilon_2 + \varepsilon_3 - \varepsilon_4) \tag{3.6.6}$$

根据不同的要求,应变电桥有三种不同的工作方式。

(1) 单臂半桥工作方式。R_1 为应变片,R_2、R_3、R_4 为温度系数很小的固定电阻,ΔR_2、ΔR_3、ΔR_4 均为零。则输出电压

$$U_o = \frac{U_i}{4} \left(\frac{\Delta R}{R} \right) = \frac{U_i}{4} K \varepsilon_1 \tag{3.6.7}$$

(2) 双臂半桥工作方式。R_1、R_2 为应变片,R_3、R_4 为固定电阻,$\Delta R_3 = \Delta R_4 = 0$。输出电压

$$U_o \approx \frac{U_i}{4} \left(\frac{\Delta R_1}{R} - \frac{\Delta R_2}{R_2} \right) = \frac{U_i}{4} K (\varepsilon_1 - \varepsilon_2) \tag{3.6.8}$$

(3) 全桥工作方式。全桥工作方式即电桥的 4 个桥臂都为应变片。输出电压

$$U_o \approx \frac{U_i}{4} \left(\frac{\Delta R_1}{R} - \frac{\Delta R_2}{R} + \frac{\Delta R_3}{R} - \frac{\Delta R_4}{R} \right) = \frac{U_i}{4} K (\varepsilon_1 - \varepsilon_2 + \varepsilon_3 - \varepsilon_4) \tag{3.6.9}$$

以上三种工作方式中的 ε_1、ε_2、ε_3、ε_4 可以是试件的拉应变,也可以是试件的压应变,取决于应变片的粘贴方向及受力方向。若是拉应变,则 ε 应以正值代入;若是压应变,则 ε 应以负值代入。而且 ε_1 的受力方向必须与 ε_2、ε_4 相反,与 ε_3 的受力方向相同。本实验用的电子秤压力传感器多采用双臂半桥工作方式。

3. 压力传感器数据采集模块

数据采集模块使用 HX711 芯片,如图 3.6.5 所示,该芯片是一款专为高精度电子秤而设计的 24 位模数转换器芯片。该芯片集成了包括稳压电源、片内时钟振荡器等,具有集成度高、响应速度快、抗干扰性强等优点,从而降低了电子秤的整机成本,提高了整机的性能和可靠性。

图 3.6.5 数据采集模块

该芯片与后端微控制器(MCU)的接口和编程非常方便,所有控制信号由管脚驱动,无需对芯片内部的寄存器编程。输入选择开关可任意选取通道 A 或通道 B,与其内部的低噪声可编程放大器相连。通道 A 的可编程增益为 128 或 64,对应的满额度差分输入信号幅值分别为±20mV 或±40mV。通道 B 则为固定的 64 增益,用于系统参数检测。芯片内提供的稳压电源可以直接向外部传感器和芯片内的模数转换器提供电源,系统板上无需另外的模拟电源。芯片内的时钟振荡器不需要任何外接器件。上电自动复位功能简化了开机的初始化过程。

【实验仪器】

单片机最小系统、压力传感器模块、数据采集模块、杜邦线、面包板、电源、计算机、开发软件。

【实验内容】

实验中需要将所有元件安装在面包板上,保证电路连接的正确性。

1. 原理图

按照图 3.6.6 和图 3.6.7 连接好电路,在开发软件中编写以下代码,然后编译生成 hex 文件,烧写到单片机中。

本实验采用的是 5kg 压力传感器,满量程输出电压=激励电压 * 灵敏度,其中灵敏度为 1.0mV/V。例如,当激励电压为 5V 时,满量程输出电压为 5mV,相当于有 5kg 重力会输出 5mV 电压。而 HX711 数据采集模块有多通道。本实验采取 A 通道 128 增益,然后采样输出 24bit 模数转换的值,单片机通过指定时序将 24bit 数据读出。

在编写程序时,应该明确下述两个问题。

(1) 如何计算压力传感器的供电电压。

如图 3.6.8 所示,该模块可输出引脚 AVDD 和引脚 AGND 的电压,即模块上的 E+和 E−的电压。

该电压通过 $V_{AVDD} = V_{VBG} \dfrac{R_{12} + R_{13}}{R_{13}}$ 计算得出。其中电源偏置电压(VBG)为 1.25V,$R_{12} = 20\text{k}\Omega$,$R_{13} = 8.2\text{k}\Omega$,因此得出引脚 AVDD 的电压为 4.3V。为了降

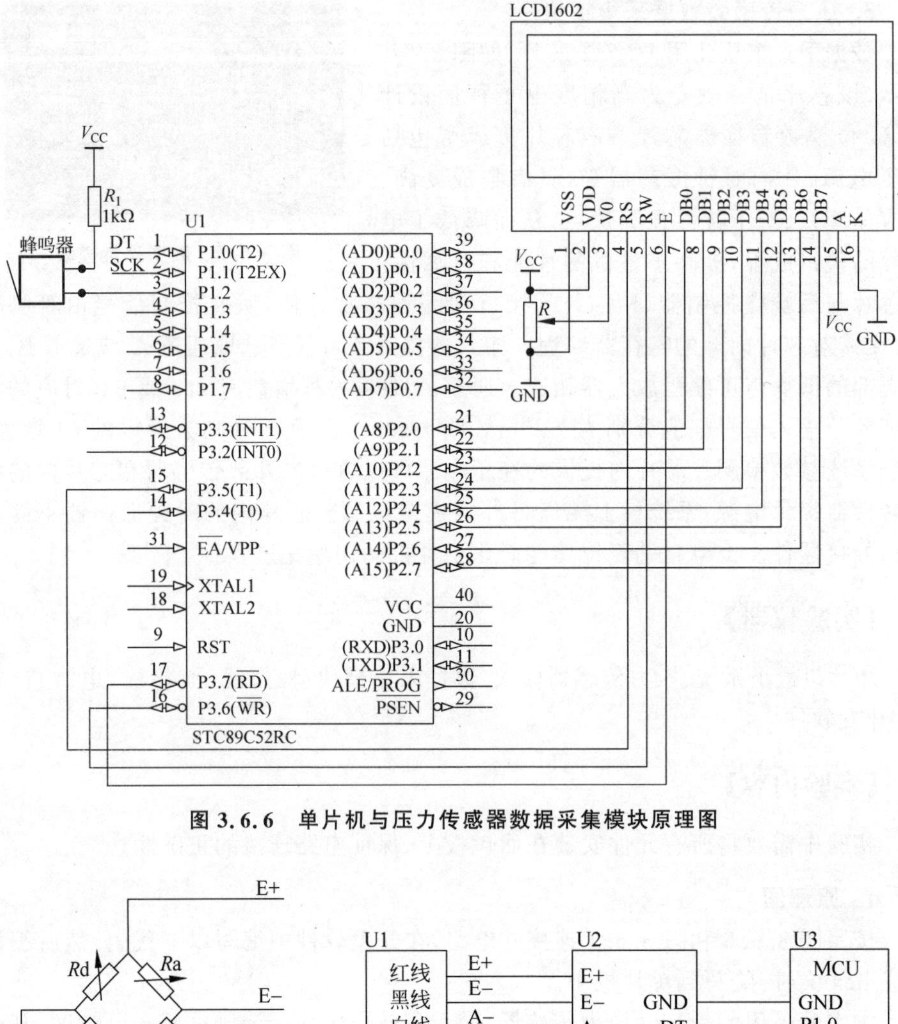

图 3.6.6　单片机与压力传感器数据采集模块原理图

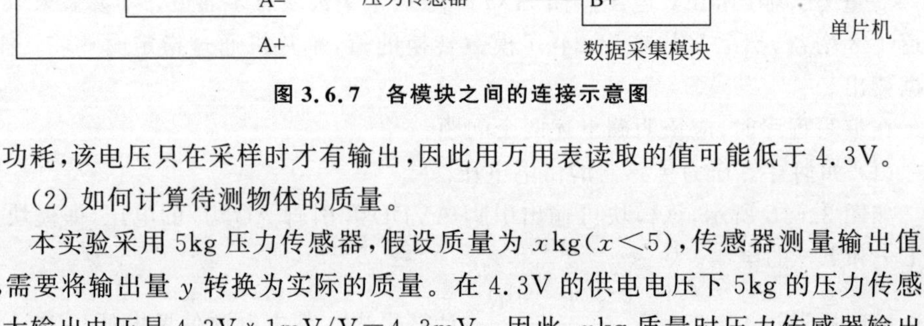

图 3.6.7　各模块之间的连接示意图

低功耗,该电压只在采样时才有输出,因此用万用表读取的值可能低于 4.3V。

(2) 如何计算待测物体的质量。

本实验采用 5kg 压力传感器,假设质量为 x kg$(x<5)$,传感器测量输出值为 y,需要将输出量 y 转换为实际的质量。在 4.3V 的供电电压下 5kg 的压力传感器最大输出电压是 $4.3\text{V}*1\text{mV/V}=4.3\text{mV}$。因此,$x$ kg 质量时压力传感器输出的电压为 x kg $*4.3\text{mV/5kg}=0.86x\text{mV}$,这个小电压经过 128 倍增益后为 $128*$

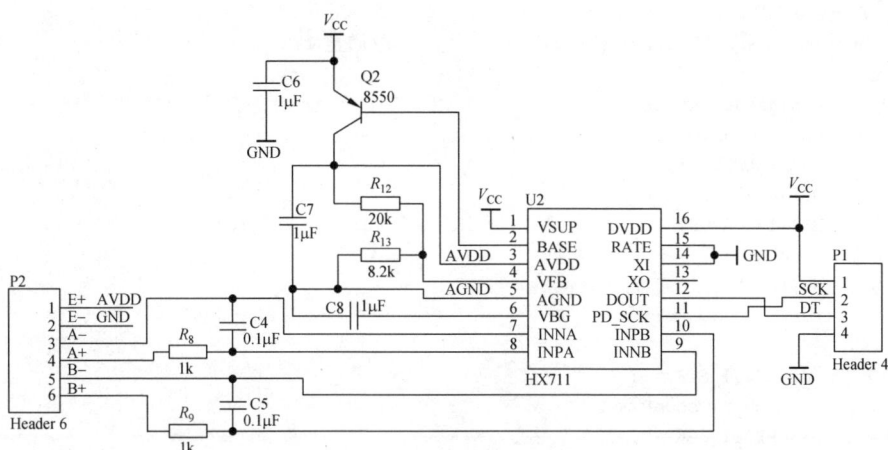

图 3.6.8　数据采集模块原理图

$0.86x = 110.08x\,\text{mV}$。再经过模数转换为 24bit 数字信号输出,即 $110.08x\,\text{mV} * 2^{24}/4.3\text{V} = 429496.7296x$,所以 $y = 429496.7296x$,因此得出 $x = y/429496.7296$。

所以得出程序中计算公式为

```
Weight_Shiwu = (unsigned long)((float)Weight_Shiwu/429.5);      //单位换算成克
```

不同的传感器其灵敏度曲线不是完全一样,因此每一个传感器需要对这里的 429.5 进行校正。修改以下部分代码用于校准"♯define Value 430",当发现测试出来的质量偏大时,则增加该数值;如果测试出来的质量偏小时,则减小该数值。

2. 实验参考程序

```c
# include < reg52.h>
# include < intrins.h>
# include "LCD1602.h"
unsigned long HX711_Buffer = 0;
unsigned long maopi = 0;
long shiwu = 0;
unsigned char flag = 0;
bit Flag_ERROR = 0;
sbit HX711_DOUT = P1^0;
sbit HX711_SCK = P1^1;
sbit buzzer = P1^2;
# define Value 430
/* HX711 延时函数 */
void Delay__hx711_us(void)
{
    _nop_();
    _nop_();
}
```

```
/* 读取 HX711 */
unsigned long HX711_Read(void)                    //增益 128
{
    unsigned long count;
    unsigned char i;
    HX711_DOUT = 1;
    Delay__hx711_us();
    HX711_SCK = 0;
    count = 0;
    while(HX711_DOUT);
    for(i = 0;i < 24;i++)
    {
        HX711_SCK = 1;
        count = count << 1;
        HX711_SCK = 0;
        if(HX711_DOUT)
        count++;
    }
    HX711_SCK = 1;
    count = count^0x800000;                       //第 25 个脉冲下降沿来时,转换数据
    Delay__hx711_us();
    HX711_SCK = 0;
    return(count);
}
/* 延时函数(11.0594M 晶振) */
void Delay_ms(unsigned int time)
{
    unsigned int i,j;
    for(i = 0;i < time;i ++)
        for(j = 0;j < 930;j ++);
}
/* 称重 */
void Get_Weight()
{
    shiwu = HX711_Read();
    shiwu = shiwu - maopi;                //获取净重
    if(shiwu > 0)
    {
        shiwu = (unsigned int)((float) shiwu /Value);     //计算实物的实际质量
        if(shiwu > 5000)                 //超重报警
        {
            Flag_ERROR = 1;
        }
        else
        {
            Flag_ERROR = 0;
        }
    }
    else
    {
```

```
        shiwu = 0;
    }
}
void main()
{
    LCD_1602_Init();
    Write_1602_String("Weigt:",0x80);
    Delay_ms(100);                          //延时,等待传感器稳定
    maopi = HX711_Read();                   //去皮
    while(1)
    {
        Get_Weight();                       //称重
        if( Flag_ERROR == 1)
        {
            Write_1602_String("ERROR",0xc0);
            buzzer = ~buzzer;               //出错蜂鸣器响
            Delay_ms(1);
        }
        else
        {
            Write_1602_Com(0xc0);
            Write_1602_Data(0x30 + shiwu /1000);
            Write_1602_Data(0x30 + shiwu %1000/100);
            Write_1602_Data(0x30 + shiwu %100/10);
            Write_1602_Data(0x30 + shiwu %10);
            Write_1602_String(" g",0xc4);
        }
    }
}
```

【数据与结果】

连接好电路,编写、烧录程序,LCD1602 显示出当前物体质量,与标准质量物体对比,分析误差原因。

【思考题】

(1) 测量的最小值与什么因素有关?

(2) 能否用该系统测量液体的表面张力?

实验 3.7   单片机-光敏电阻-WiFi-APP 智能检测

【实验目的】

(1) 了解 WiFi 通信的基本原理。
(2) 掌握光敏电阻的工作特性和电路。
(3) 理解智能光电检测的基本流程。

【实验原理】

1. 单片机工作的基本原理

单片机种类丰富,有经典的 51 系列、STC 系列、STM32、MSP430、Arduino,有带 WiFi、蓝牙功能的 ESP8266、ESP32,以及专用的语音识别、图像识别等功能的单片机,使用方面各有特色,可根据实际选择。本实验中选择比较经典的 51 系列单片机,采用 C 语言编程,可以将 C 语言课程与单片机技术或单片机原理及光电检测技术等相关课程联系起来。单片机原理在专门的课程里有介绍,对于没有学过单片机的,可以自学相关内容,本实验只强调如何使用单片机来进行光电检测的控制。单片机在工作时通过控制每个引脚的电平来操控外部设备,单片机芯片如图 3.7.1 所示。一般情况下,引脚的电平只有高电平 1 和低电平 0 两种状态。标

图 3.7.1   单片机芯片

准 TTL 输入高电平最小 2V,输出高电平最小 2.4V,典型值 3.4V;输入低电平最大 0.8V,输出低电平最大 0.4V,典型值 0.2V。编程序时通过设置相应引脚的值为 1 或 0,即可指定该引脚的电平高低,从而控制外部设备。由于单片机本身输出电流有限,对于大电流驱动的设备,单片机只提供一个控制信号,然后利用继电器或者三极管实现控制。

2. 光敏电阻的工作原理

光敏电阻是利用半导体材料的内光电效应制作的一种光电传感器,常见的光敏电阻如图 3.7.2 所示。无光照时暗电阻较大,约兆欧级;有光照时亮电阻会随

图 3.7.2   光敏电阻

光照强弱而改变,约千欧级,典型工作电路如图 3.7.3 所示。一般地,照度和电阻变化呈非线性关系,响应时间在毫秒级,属慢响应器件,对光波长不是很敏感,但也有可见光、红外线等大范围的区分,见表 3.7.1 和图 3.7.4 所示。

表 3.7.1 不同型号光敏电阻规格参数

型号	最大电压 V_{DC}/V	最大功耗/mW	环境温度/℃	光谱峰值/nm	亮电阻/kΩ	暗电阻/MΩ	响应时间/ms 上升	下降
5506	150	100	25	540	2～5	0.2	20	30
5516	150	100	25	540	5～10	0.5	20	30
5528	150	100	25	540	10～20	1	20	30
5537	150	100	25	540	20～30	2	20	30
5539	150	100	25	540	30～40	5	20	30
5549	150	100	25	540	40～120	10	20	30

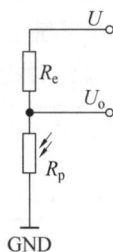

图 3.7.3 光敏电阻典型工作电路

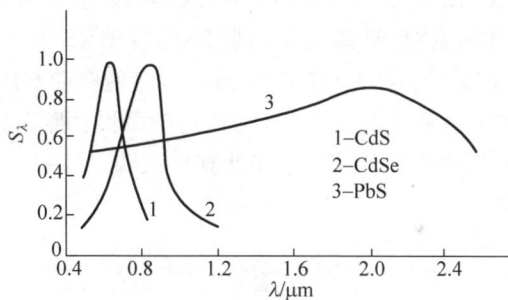

图 3.7.4 不同光敏电阻光谱响应

3. WiFi 模块

WiFi 模块实物如图 3.7.5 所示。ESP01S 是一款超低功耗的 UART-WiFi 透传模块,可将用户的物理设备连接到 WiFi 无线网络上,进行互联网或局域网通信,实现联网功能。

图 3.7.5 WiFi 模块

【实验仪器】

单片机最小系统、光敏电阻模块、WiFi 模块、LED 灯、限流电阻、面包板、杜邦线、电源、计算机、开发软件。

【实验内容】

1. AT 指令测试

WiFi 模块使用前要对模块进行一些简单的配置,包括通信速率、联网方式、WiFi 网络名、密码等。这个配置过程可以先在计算机端提前配置好,方便使用,等使用熟练后,也可以在单片机端进行相应配置。对于一些集成化的模块,一般都会提供一些 AT 指令,方便直接用计算机连接进行初步测试和功能设置。对于不能与计算机直接连接的模块,使用 AT 指令时需要使用 USB 转 TTL 模块将测试模块与计算机连接,然后使用配套上位机软件或普通的串口调试软件发送 AT 指令即可。

将 USB 转串口模块与 WiFi 模块按照图 3.7.6 正确连线,模块的 VCC、TXD、RXD、GND 分别与 USB 串口模块的 3.3V、RXD、TXD、GND 对应相接,注意,TXD 和 RXD 需要交叉,即 TXD 接 RXD,RXD 接 TXD。USB 端与计算机连接前,需要安装好 USB-TTL 模块对应的驱动 CH340,不同操作系统可能有差异。驱动安装好后接上 USB 端,此时打开计算机设备管理器,查询到对应的端口号,如图 3.7.6 所示,注意,不同计算机该端口号不一样,记住该端口号,后面软件部分要用到。

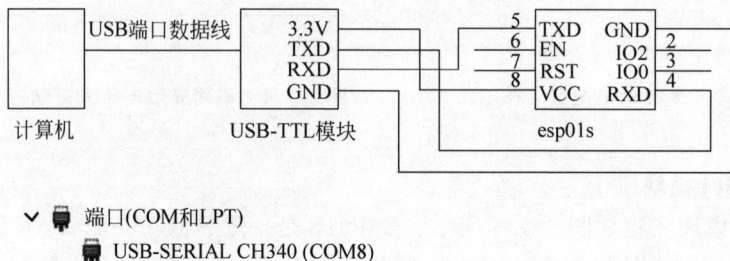

图 3.7.6 USB 转串口连接示意图

硬件连接正确后,WiFi 模块上面指示灯会常亮,如果指示灯不亮,则检查连线是否有误。打开串口调试软件,选择端口为上面设备管理器里分配的端口号,波特率可先选择到 115200(模块默认),校验位无,停止位 1,发送和接收都为文本模式,不勾选 HEX 发送、显示,勾选回车换行选项,打开串口,测试以下 AT 指令(表 3.7.2)。

表 3.7.2 AT 测试指令和说明

序号	发送 AT 指令	返回信息	说明
1	AT	OK	模块连接通信正常,如无则返回,可选择波特率为 9600,或检查回车换行选项是否勾选后继续测试

续表

序号	发送 AT 指令	返回信息	说　明
2	AT+CIPAP?	192.168.4.1	模块自身 IP 地址默认值,熟练后也可通过用 AT+CIPAP="*.*.*.*"设置成需要的 IP 地址
3 *	AT+CIOBAUD=9600	OK	修改波特率为 9600,方便后续连接
4 *	AT+CWMODE=2	OK	设置为 AP 模式,提供 WiFi 热点,供其他设备连接
5 *	AT+CWSAP="MYESP8266","my12345678",11,3	OK	设置模块 WiFi 名和密码分别为"MYESP8266"和"my12345678",WiFi 名和密码可根据需要设置,密码要设置成字母和数字组合,且大于 8 个字符
6	AT+RST	Ready	重启生效

注:带 * 的 3、4、5 步 AT 指令,重启后才可生效,且会自动保存,后面如果不更改就不用再设置。

2. 通信测试

　　WiFi 模块无线连接可以有多种方式,最简单的方式就是模块打开无线热点服务,其他无线设备直接连接到该无线热点上即可实现无线通信,这个方式只能实现近距离通信。另外就是 WiFi 模块和无线设备都连接到同一个无线路由器上,这样使用时不用每次切换无线网络,但也只能是近距离通信。要实现远距离通信,需要借助第三方网络服务,WiFi 模块连接到能够访问第三方网站的无线路由器上,无线终端设备在任何地方只要能连接上第三方网络,就可以和 WiFi 模块通信,从而完成相应指令。本次实验只介绍热点模式的应用,路由模式可在本次实验基础上自行学习使用。

　　在上面 AT 指令设置好 WiFi 名称和密码后,利用 AT 指令开启热点模式,供其他客户端设备连接、通信,具体指令见表 3.7.3,这些指令每次重新启动模块后都要执行一遍,模块不保存这些设置。

表 3.7.3　WiFi 热点模式通信设置

序　号	发送 AT 指令	返回信息	说　明
1	AT+CIPMUX=1	OK	热点模式必须配置为多连接,可以被不超过 5 个客户端连接
2	AT+CIPSERVER=1,8080	OK	配置为热点模式,端口 8080,端口可自定

　　打开手机或计算机,搜索 WiFi,找到 MYESP8266 的无线网络,点击连接,输入相应密码即可连接到 WiFi 模块临时开放的无线热点,如图 3.7.7 所示。打开手

机端或计算机端的网络调试软件,新建"TCP 客户端",连接名称自定义,IP 地址为上面 AT 指令查询到的地址,默认为"192.168.4.1",端口为"8080",如图 3.7.8 所示;然后保存,连接等待连接成功,如图 3.7.9 所示。

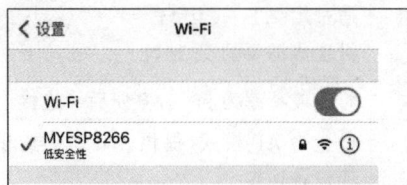

图 3.7.7　WiFi 热点连接模式

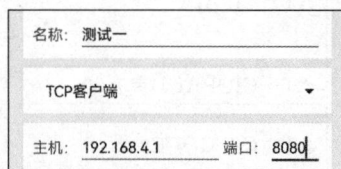

图 3.7.8　手机端网络调试软件设置

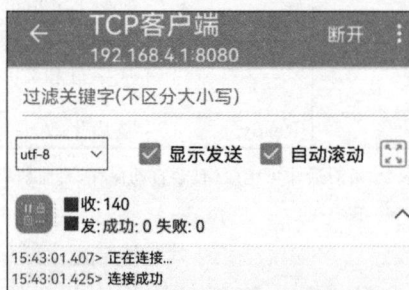

图 3.7.9　WiFi 连接成功示意图

此时已经连接成功,在手机端发送数据,计算机端的串口调试软件就能接收到数据。但是计算机端发送,手机上收不到信息。为了能进行双向通信,还需知道该手机是第几个客户端,发送的数据长度需要多大,按表 3.7.4 步骤继续设置即可。

表 3.7.4

序　号	AT 指令	返 回 信 息	说　　明
1	AT+CIPSTATUS	＋　CIPSTATUS：0,"TCP","192.168.4.2",40172,8080,1 OK	返回信息中 0 为 ID 号,TCP 为连接类型,后面为 IP 地址、本地端口、服务器端口,1 代表模块做 server 的连接
2	AT＋CIPSEND＝0,N	OK ＞	">"符号代表进入发送数据模式。向 0 号客户端发 N 个字节,数据长度一定要是 N 个字节,实际发的字节超过 N,会被截取前面 N 个,少于 N 个手机端将接收不到完整信息

此时 AT 指令失效,用户可以任意发自己想要的信息,发送成功则返回 SEND OK。例如上面的 N＝7,发送数据 1234567,则返回 SEND OK,并且手机端会收到 1234567 这个数据。

如果要继续发送数据,则仍需先执行 AT＋CIPSEND＝0,N,然后再发送数据。这个主要是为了保证通信通道畅通,避免错误指令而引起通信堵塞。如果想要关闭连接,则可以通过指令 AT+CIPCLOSE=0,将 0 号客户端关闭连接。

至此,WiFi 模块与手机客户端互相通信已完成,接下来调试单片机,使之相连接,并且监测 LED 灯的亮灭信息发送到手机客户端。按图 3.7.10 连接好电路,将单片机的 RX、TX 与 WiFi 模块的 TX、RX 连接,烧录好程序,要注意的是,烧录程序到单片机里时 RX 和 TX 先不要接线,否则会有冲突,导致烧录失败。等待连接,连接等待时间 10s 左右,连接好之后即可正常通信。

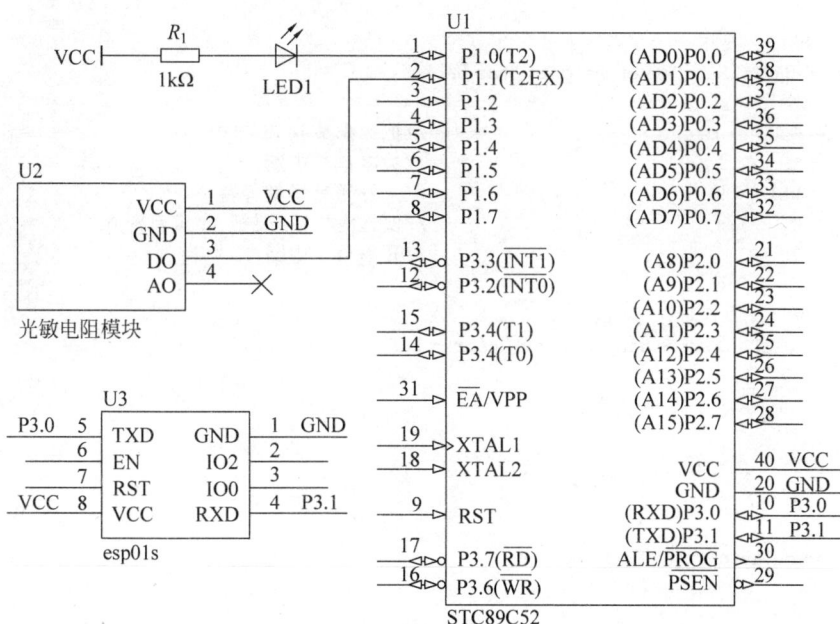

图 3.7.10 模块与单片机连接图

参考程序代码:

```c
# include < reg52.h >
# include < string.h >
# define uint unsigned int
# define uchar unsigned char
uchar buftemp,countnumber;
char ReceiveData[4];                      //WiFi模块返回值
char flag = 0;
sbit LED1 = P1^0;
sbit key1 = P1^1;                         //用来判断光敏电阻模块的DO口是否为高电平
uchar code esp_at[] = "AT\r\n";           //握手连接指令,返回"OK"
uchar code esp_mode[] = "AT + CWMODE = 2\r\n";      //将模块设置为 AP 模式
uchar code esp_reset[] = "AT + RST\r\n";            //重启生效
uchar code esp_cipmux[] = "AT + CIPMUX = 1\r\n";    //开启多连接模式
uchar code esp_cipserver[] = "AT + CIPSERVER = 1,8080\r\n";   //创建服务器
uchar code esp_cipsend[] = "AT + CIPSEND = 0,7\r\n";
```

```
                                     //定义客户端 ID 号,定义发送数据长度
void InitUART()
{
    TMOD = 0x20;                     //定时器 1 工作在方式 2,8 位自动重装
    SCON = 0x50;                     //串口 1 工作在方式 1,10 位异步收发,REN=1 允许接收
    TH1 = 0xFD;                      //定时器 1 初值
    TL1 = TH1;
    TR1 = 1;                         //定时器 1 开始计数
    EA = 1;                          //开总中断
    ES = 1;                          //开串口 1 中断
}
/* 串口 1 发送一个字符 */
void UART1_Send_Byte(unsigned char dat)
{
    SBUF = dat;                      //把数据放到 SBUF 中
    ES = 0;                          //关串口 1 中断
    while (!TI );                    //未发送完毕就等待
    TI = 0;                          //发送完毕后,要把 TI 重新置 0
    ES = 1;                          //开串口 1 中断
}
/* 串口 1 发送一个字符串 */
void UART1_Send_String(unsigned char * buf)
{
    while ( * buf != '\0')
    {
        UART1_Send_Byte( * buf++);
    }
}
void delay(unsigned int m)
{
    int a, b;
    for(a = 0;a < 100;a++)
    for(b = 0;b < m;b++);
}
void WiFi_Init()
{
    while(1)                         //握手连接指令,返回"OK"
    {
        UART1_Send_String(esp_at);
        delay(600);
        if(strstr(ReceiveData,"OK")) //判断 WiFi 模块返回的数组 ReceiveData 中
                                     //是否包含 OK
            break;
    }
    memset(ReceiveData,0,4);         //将数组清零
    delay(100);

    while(1)                         //设置为 AP 模式
    {
        UART1_Send_String(esp_mode);
```

```
            delay(600);
            if(strstr(ReceiveData,"OK"))
                break;
        }
        memset(ReceiveData,0,4);
        delay(100);
        UART1_Send_String(esp_reset);      //复位
        delay(600);
        memset(ReceiveData,0,4);
        delay(100);

        while(1)                          //设置为单连接
        {
            UART1_Send_String(esp_cipmux);
            delay(1000);
            if(strstr(ReceiveData,"OK"))
                break;
        }
        memset(ReceiveData,0,4);
        delay(3000);
        while(1)                          //创建服务器
        {
            UART1_Send_String(esp_cipserver);
            delay(3000);
            if(strstr(ReceiveData,"OK"))
                break;
        }
        memset(ReceiveData,0,4);
        delay(1000);
}
void main()
{
    InitUART();
    WiFi_Init();
    LED1 = 0;
    key1 = 1;
    while(1)
    {
        if(key1 == 0 && flag == 0)      //有光照
        {
            elay(50);
            LED1 = 1;
            UART1_Send_String(esp_cipsend);
            delay(50);
            UART1_Send_String("led_off\r\n");
            flag = 1;
            delay(50);
        }
        else if(key1 == 1 && flag == 1) //无光照
        {
```

```
            delay(50);
            LED1 = 0;
            UART1_Send_String(esp_cipsend);
            delay(50);
            UART1_Send_String("led__on\r\n");
            flag = 0;
            delay(50);
        }
    }
}
/* 串行口 1 WiFi 中断处理函数 */
void UART_1Interrupt(void) interrupt 4
{
    if(RI)
    {
        RI = 0;
        buftemp = SBUF;
        * (ReceiveData + countnumber) = buftemp;
        countnumber++;
        if (countnumber > 3)
        {
            countnumber = 0;
        }
    }
    if(TI)
    {
        TI = 0;
    }
}
```

【数据与结果】

如图 3.7.11 所示,当在手机端连接好之后,光敏电阻控制 LED 灯的亮灭,亮灭信息通过 WiFi 发送到手机端上的网络调试助手 APP。

```
15:43:01.407> 正在连接...
15:43:01.425> 连接成功
15:43:04.478> led_on
15:43:04.888> led_on
15:43:04.973> led_off
15:43:06.941> led_on
```

图 3.7.11 手机端网络调试助手

【思考题】

(1) WiFi 通信有什么优缺点?

(2) 通信时为什么要 RX、TX 交叉连接?

实验 3.8　单片机-光敏电阻-蓝牙-APP 智能检测

【实验目的】

（1）理解单片机工作的基本原理。

（2）掌握光敏电阻的工作特性和电路。

（3）通过单片机、光敏电阻控制 LED 灯的亮和灭，将亮灭信息通过蓝牙发送到 APP 端。

【实验原理】

1. 单片机工作的基本原理

单片机种类丰富，有经典的 51 系列、STC 系列、STM32、MSP430、Arduino，有带 WiFi、蓝牙功能的 ESP8266、ESP32，以及专用的语音识别、图像识别等功能的单片机，使用方面各有特色，可根据实际选择。本实验中选择比较经典的 51 系列单片机，采用 C 语言编程，可以将 C 语言课程与单片机技术或单片机原理及光电检测技术等相关课程联系起来。单片机原理在专门的课程里有介绍，对于没有学过单片机的，可以自学相关内容，本实验只强调如何使用单片机来进行光电检测的控制。单片机在工作时通过控制每个引脚的电平来操控外部设备，单片机芯片如图 3.8.1 所示。一般情况下，引脚的电平只有高电平 1 和低电平 0 两种状态。标准 TTL 输入高电平最小 2V，输出高电平最小 2.4V，典型值 3.4V；输入低电平最大 0.8V，输出低电平最大 0.4V，典型值 0.2V。编程序时通过设置相应引脚的值为 1 或 0，即可指定该引脚的电平高低，从而控制外部设备。由于单片机本身输出电流有限，对于大电流驱动的设备，单片机只提供一个控制信号，然后利用继电器或者三极管实现控制。

图 3.8.1　单片机芯片

2. 光敏电阻工作原理

光敏电阻是利用半导体材料的内光电效应制作的一种光电传感器，常见的光敏电阻如图 3.8.2 所示。无光照时暗电阻较大，约兆欧级；有光照时亮电阻会随光照强弱而改变，约千欧级。一般地，照度和电阻变化呈非线性关系，响应时间在毫秒级，属慢响应器件，对光波长不是很敏感，但也有可见光、红外线等大范围的区分，见表 3.8.1 和图 3.8.3、图 3.8.4。

图 3.8.2 光敏电阻

表 3.8.1 不同型号光敏电阻规格参数

型号	最大电压 V_{DC}/V	最大功耗/mW	环境温度/℃	光谱峰值/nm	亮电阻/kΩ	暗电阻/MΩ	响应时间/ms	
							上升	下降
5506	150	100	25	540	2～5	0.2	20	30
5516	150	100	25	540	5～10	0.5	20	30
5528	150	100	25	540	10～20	1	20	30
5537	150	100	25	540	20～30	2	20	30
5539	150	100	25	540	30～40	5	20	30
5549	150	100	25	540	40～120	10	20	30

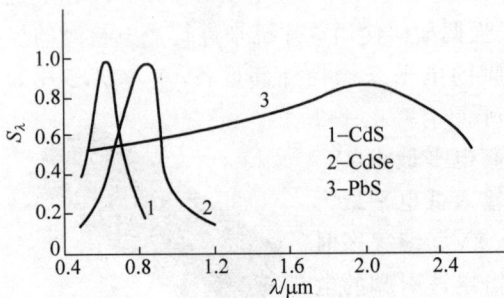

图 3.8.3 不同光敏电阻光谱响应

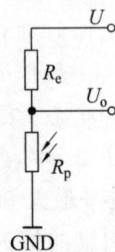

图 3.8.4 光敏电阻典型工作电路

3. 蓝牙模块工作原理

蓝牙模块实物如图 3.8.5 所示。蓝牙模块用于代替全双工通信时的物理连线。如图 3.8.6 所示,单片机设备向模块发送串口数据,模块的 RXD 端口收到串口数据后,自动将数据以无线电波的方式发送到空中。带蓝牙手机就能自动接收到,并从 TXD 还原最初单片机设备所发的串口数据。

【实验仪器】

单片机最小系统、光敏电阻模块、蓝牙模块、带有蓝牙的安卓手机、LED 灯、限流电阻、面包板、杜邦线、计算机、开发软件。

图 3.8.5　蓝牙模块

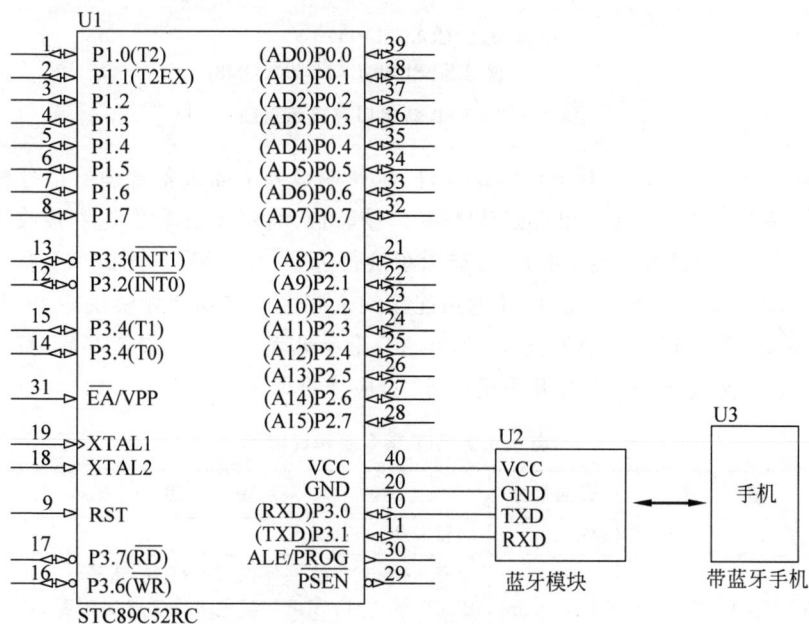

图 3.8.6　蓝牙模块原理图

【实验内容】

蓝牙模块使用前,要对模块进行一些简单的配置,包括通信速率、蓝牙名称和密码等。这个配置过程可以先在计算机端提前配置好,方便使用,等使用熟练后,也可以在单片机端进行相应配置。对于一些集成化的模块,一般都会提供一些AT 指令,方便直接用计算机连接进行初步测试和功能设置。使用 AT 指令时需要使用 USB 转 TTL 模块将测试模块与计算机连接,然后使用配套上位机软件或普通的串口调试软件发送 AT 指令即可。

将 USB 转串口模块与蓝牙模块按照图 3.8.7 正确连线,模块的 VCC、TXD、

RXD、GND 分别与 USB 串口模块的 3.3V、RXD、TXD、GND 对应相接,注意,
TXD 和 RXD 需要交叉,即 TXD 接 RXD,RXD 接 TXD。USB 端与计算机连接
前,需要安装好 USB-TTL 模块对应的驱动 CH340,不同操作系统可能有差异。驱
动安装好后接上 USB 端,此时打开计算机设备管理器,查询到对应的端口号,如
图 3.8.7 所示,注意,不同计算机该端口号不一样,记住该端口号,后面软件部分要
用到。

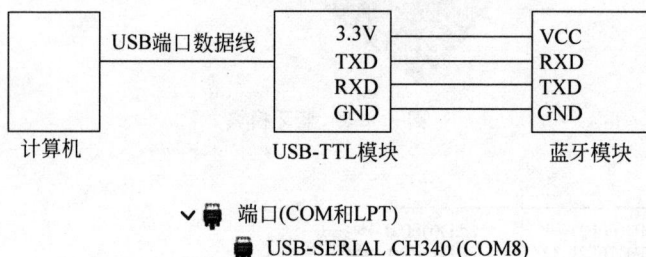

图 3.8.7　USB 转串口连接示意图

　　硬件连接正确后,打开串口调试软件,选择端口为上面设备管理器里分配的端
口号,波特率选择到 9600(出厂默认 9600),校验位无,停止位 1,发送和接收都为文
本模式,不勾选 HEX 发送、显示,勾选回车换行选项,打开串口,测试 AT 指令。

　　按如图 3.8.8 所示连线,保证电路连接的正确性。拿到蓝牙模块后,先对模块
进行初始化,发送对应的 AT 指令,各个 AT 指令见表 3.8.2。设置好后,打开安卓
手机,安装蓝牙助手 APP,打开手机蓝牙,对应连接即可。

表 3.8.2　AT 指令表和说明

序号	指　　令	返回信息	说　　明
1	AT	OK	测试
2	AT+NAMEname	OKsetname	参数 name:修改蓝牙模块名称为"姓名拼音首字母+BLE",如"MYBLE",避免多人实验时混乱,该名称可以自动保存,只需修改一次
3	AT+PINxxxx	OKsetPIN	参数 xxxx:所要设置的配对密码,4 个数字。模块默认配对密码是 1234。参数可以掉电保存,只需修改一次;适配器或手机连接蓝牙从机时,弹出要求输入配对密码窗口时,手工输入此参数就可以连接从机;蓝牙模块主机搜索从机后如果密码正确,则会自动配对

参考程序代码:

```
# include < reg52.h>
# include < stdio.h>
# include < string.h>
#define uint unsigned int
#define uchar unsigned char
```

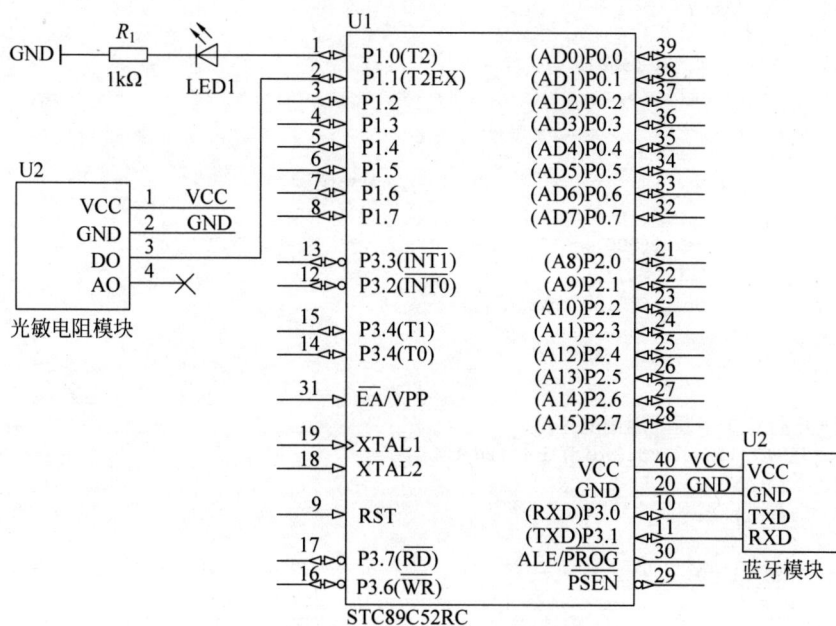

图 3.8.8 模块与单片机连接图

```
uchar buftemp, countnumber;
char ReceiveData[4];              //蓝牙模块返回值
sbit LED1 = P1^0;
sbit key1 = P1^1;                 //用来判断光敏电阻模块的 DO 口是否为高电平
void InitUART()
{
    TMOD = 0x20;                  //定时器 1 工作在方式 2,8 位自动重装
    SCON = 0x50;                  //串口 1 工作在方式 1,10 位异步收发 REN = 1 允许接收
    TH1 = 0xFD;                   //定时器 1 初值
    TL1 = TH1;
    TR1 = 1;                      //定时器 1 开始计数
    EA = 1;                       //开总中断
    ES = 1;                       //开串口 1 中断
    TI = 1;                       //使用 printf 输出数据
}
void delay(unsigned int m)
{
    int a, b;
    for(a = 0;a < 100;a++)
    for(b = 0;b < m;b++);
}
void main()
{
    InitUART();
    LED1 = 0;
    while(1){
```

```
        if(key1 == 0)                    //有光照
        {
            delay (500);
            LED1 = 1;
            printf("led__off\r\n");
        }
        else                             //无光照
        {
            delay(500);
            LED1 = 0;
            printf("led_on\r\n");
        }
    }
}
/*串行口1中断处理函数*/
void UART_1Interrupt(void) interrupt 4
{
    if(RI)
    {
        RI = 0;
    }
}
```

【数据与结果】

光敏电阻控制 LED 灯的亮和灭,亮灭信息通过蓝牙发送到 APP 端。

【思考题】

(1) 蓝牙通信有什么优缺点？

(2) 蓝牙通信目前的发展趋势怎么样？

实验 3.9 单片机-光敏电阻-物联网-云服务

【实验目的】

(1) 理解单片机工作的基本原理。

(2) 掌握光敏电阻的工作特性和电路。

(3) 光敏电阻控制 LED 灯的亮灭,亮灭信息通过物联网方式发送到远程云服务器。

【实验原理】

1. 单片机工作的基本原理

单片机种类丰富,有经典的 51 系列、STC 系列、STM32、MSP430、Arduino,有带 WiFi、蓝牙功能的 ESP8266、ESP32,以及专用的语音识别、图像识别等功能的单片机,使用方面各有特色,可根据实际选择。本实验中选择比较经典的 51 系列单片机,采用 C 语言编程,可以将 C 语言课程与单片机技术或单片机原理及光电检测技术等相关课程联系起来。单片机原理在专门的课程里有介绍,对于没有学过单片机的,可以自学相关内容,本实验只强调如何使用单片机来进行光电检测的控制。单片机在工作时通过控制每个引脚的电平来操控外部设备,单片机芯片如图 3.9.1 所示。一般情况下,引脚的电平只有高电平 1 和低电平 0 两种状态。标准 TTL 输入高电平最小 2V,输出高电平最小 2.4V,典型值 3.4V;输入低电平最大 0.8V,输出低电平最大 0.4V,典型值 0.2V。编程序时通过设置相应引脚的值为 1 或 0,即可指定该引脚的电平高低,从而控制外部设备。由于单片机本身输出电流有限,对于大电流驱动的设备,单片机只提供一个控制信号,然后利用继电器或者三极管实现控制。

图 3.9.1　单片机芯片

2. 光敏电阻的工作原理

光敏电阻是利用半导体材料的内光电效应制作的一种光电传感器,常见的光敏电阻如图 3.9.2 所示。无光照时暗电阻较大,约兆欧级,有光照时亮电阻会随光照强弱而改变,约千欧级。一般照度和电阻变化呈非线性关系,响应时间在毫秒级,属慢响应器件,对光波长不是很敏感,但也有可见光、红外线等大范围的区分,见表 3.9.1 和图 3.9.3、图 3.9.4。

图 3.9.2 光敏电阻

表 3.9.1 不同型号光敏电阻规格参数

型号	最大电压 V_{DC}/V	最大功耗/mW	环境温度/℃	光谱峰值/nm	亮电阻/kΩ	暗电阻/MΩ	响应时间/ms	
							上升	下降
5506	150	100	25	540	2～5	0.2	20	30
5516	150	100	25	540	5～10	0.5	20	30
5528	150	100	25	540	10～20	1	20	30
5537	150	100	25	540	20～30	2	20	30
5539	150	100	25	540	30～40	5	20	30
5549	150	100	25	540	40～120	10	20	30

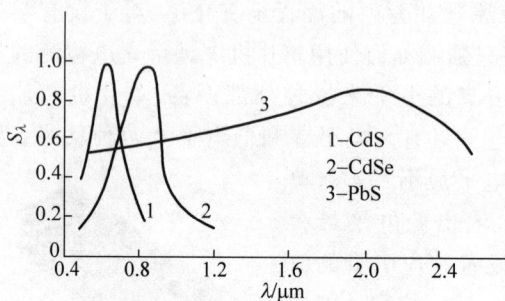

图 3.9.3 不同光敏电阻光谱响应

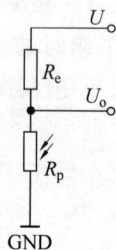

图 3.9.4 光敏电阻典型工作电路

3. 物联网通信

物联网技术就是让所有物体都能连上网络,相较于之前联网设备主要是计算机、手机等电子产品,现在利用高速网络,便捷的联网模块可以使任何想要联网的物体都能方便连上网络,从而实现远程监测、控制、定位、自动报警、调度指挥、安全防范、远程维保、在线升级等网络服务。

物联网联网设备较多,这里介绍两种容易理解的设备。一个是电话卡,利用现有手机通信的 2G、4G、5G 网络,将装有电话卡的联网模块与需要联网的设备连接,就像给设备配备了一台小型手机,可以实现文本、音频、视频等各种信息传输。另一个是无线网卡,同样也是将装有无线网卡的模块与设备连接,利用互联网网络实现数据交互。对比可以发现,电话卡模式可以在任何有手机信号的地方实现联网,而无线网卡模式必须在有互联网 WiFi 信号的地方使用。

物联网通信的基本模式是需要联网的物体或设备将通信内容通过联网设备发送到第三方网站,需要监测、控制该联网设备的用户,在远程登录该第三方网站,实现远程操作。第三方网站就是物联网平台,控制端可以是手机端和计算机端,如图 3.9.5 所示。

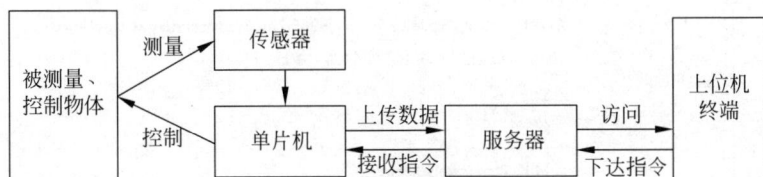

图 3.9.5　物联网通信示意图

本实验中用 WiFi 模块进行物联网通信,物联网平台也比较多,实验中用到的测试平台是乐为物联网平台,实验重在物联网通信测试,物联网平台的建立涉及网站建设方面的内容,也比较复杂,现在各大云平台都有物联网服务,如百度云、阿里云、腾讯云等,有兴趣也可以自己建立自己的物联网平台。

【实验仪器】

单片机最小系统、光敏电阻模块、WiFi 模块、LED 灯、限流电阻、面包板、杜邦线、电源、计算机、开发软件。

【实验内容】

1. 物联平台配置

1)注册物联网平台账号

实验中测试用到的物联网平台网址为 www.lewei50.com,注册测试用户。如果该网站届时不能使用,也可使用其他物联网平台,使用方法基本一样。

2)配置服务内容

进入物联服务器配置页,然后进入"我的物联",点击"我的设备",添加新设备,具体配置如图 3.9.6 所示。其中"标识 01"是自动生成,每添加一个设备,该编号自动增加,该编号后面要用来代替这个设备,因此多个设备时要注意区分。类型根据开发环境选择,这里选"Other"无影响。数据上传频率根据实际需要设置,小于该时间间隔的通信是无效的,但是也不能太小,网络传输存储需要一定的延时,一些实时传输的信息间隔可以很小,但要用专用的服务器。名称根据项目内容设置,不影响使用。"是否可控"选择"是",这样就可以实现远程控制设备。API 地址是自动生成的,这个 HTTP 协议发送数据的链接地址,本实验暂时不用。公网访问勾上,这样可以随时随地查看数据。

图 3.9.6　设备配置

　　第二步设置具体通信时数据的格式,如图 3.9.7 所示。"标识"自定义,这个参数非常重要,后面会用到。"类型"可选择相应类型,这里我们是监控和控制 LED 的亮和灭,选择"继电器"类型。"单位"根据实际设置,"设备"从设备列表中选择,目前只有一个设备,"名称"自定义,可以与设备名一致。"正常值范围"根据实际设置,这里 LED 状态就是 0 和 1,范围设置成"0－1",其他数据会认为是错误数据。"发送间隔"会自动调用前面设置,最后保存设置。

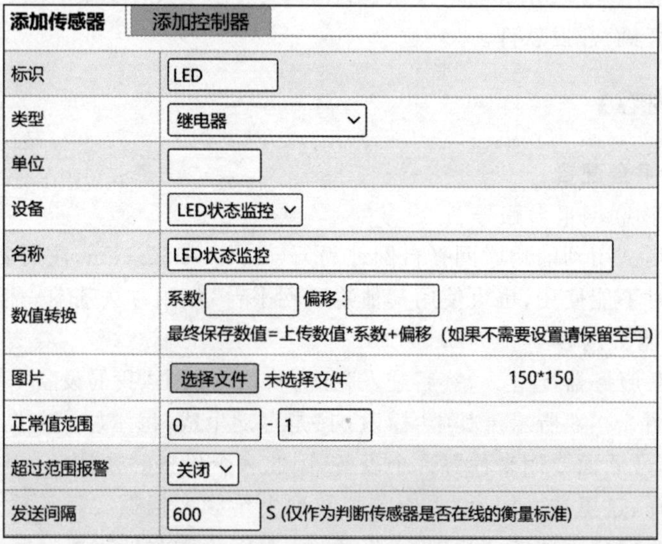

图 3.9.7　具体通信时数据的格式设置

2. 计算机端测试

为了能先对物联网通信有个初步的了解,方便后续单片机操作,先用计算机端软件进行初步的通信测试。计算机端测试时,利用计算机的网络,结合网络调试软件或带有网络调试的串口调试软件,建立 TCP 客户端,连接到物联网平台,如图 3.9.8 所示。然后发送规定的数据通信协议,即可上传传感器数据,也可从平台发送指令控制设备。

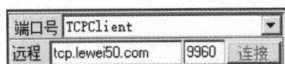

图 3.9.8 计算机端 TCP 客户端连接方式

连接物联网平台的 TCP 服务器地址和端口,连接上服务器后,会显示已连接信息,如图 3.9.9 所示,本地 IP 地址和端口会自动设置。

图 3.9.9 TCP 客户端连接成功

网络连接正确后,按照物联网平台给出的数据传输协议或方式,发送相应字符串即可。本次测试用物联网平台上传数据时需要分两次发送两条通信指令,第一条字符串是传感器标识和服务器身份认证,修改字符串中带下画线的内容。设备标识号按照前面建立的修改,实验中用到的设备标识号为 01。用户的 userkey 值到"我的账户→设置个人信息"里查看。通信指令格式不要修改,包括一些特殊的字符。

{"method":"update","gatewayNo": "设备标识号","userkey": "用户 userkey"}&^!

第一条字符串设置实例如下:

{"method":"update","gatewayNo": "01","userkey": "f1b0c9610e"}&^!

第二条通信指令格式为,具体应用时修改下画线内容。

{"method": "upload","data":[{"Name":"传感器标识","Value":"传感器数值"}]}&^!

其中,传感器标识是前面物联网平台设置的,前面设置的是 LED,传感器数值根据实际写入,注意,传感器的数值应该是个具体的数值,发送时要用英文双引号包含起来,具体实例如下:

{"method": "upload","data":[{"Name":"LED","Value":"1"}]}&^!

这个指令发送的是 LED 亮的状态,LED 关闭的状态可发送

{"method": "upload","data":[{"Name":"LED","Value":"0"}]}&^!

发送字符串时要勾选回车换行,具体如图 3.9.10 和图 3.9.11 所示。

第一条指令发送后,返回信息{"f":"message","p1":"ok"}&^!,表明通信已经正常,继续发送第二条指令,返回信息{"f":"message","p1":"ok"}&^!,表明数据已经上传成功。数据发送成功后,如果长时间不操作,TCP 连接就会自动断开,下次发送时需要重新连接 TCP 服务器,再发送这两条指令,上传新的数据。

此时可以到物联网平台查看上传数据,如图 3.9.12 所示。

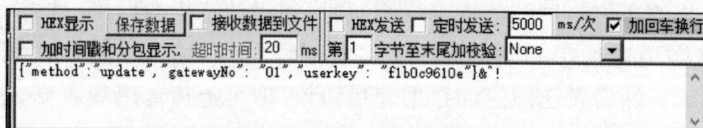

图 3.9.10　传感器标识和服务器身份认证指令示意图

图 3.9.11　传感器数据指令示意图

图 3.9.12　物联网平台数据查看

　　间隔 10s 以上,重新连接 TCP 服务器,修改传感器数值,继续发送。数据发送的结果也可以通过图形来显示,如图 3.9.13 所示。

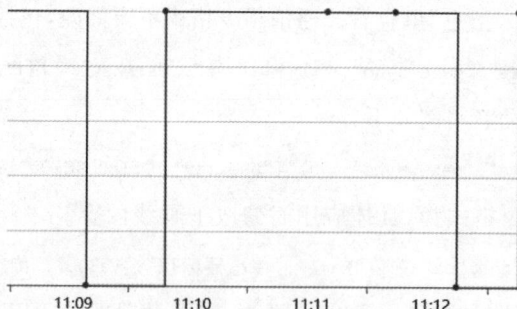

图 3.9.13　数据发送的结果通过图形来显示

3. WiFi 模块测试

　　WiFi 模块测试时,计算机可以不联网,用 WiFi 模块进行联网,发送的内容要比用计算机测试稍微多些,主要是要配置 WiFi 模块进行联网,联网成功后,后面发送的主要还是上面那两条指令。

　　1) WiFi 模块连接

　　WiFi 模块使用前,要对模块进行一些简单的配置,包括通信速率、联网方式、WiFi 网络名、密码等。这个配置过程可以先在计算机端提前配置好,方便使用,等使用熟练后,也可以在单片机端进行相应配置。对于一些集成化的模块,一般都会提供一些 AT 指令,方便直接用计算机连接进行初步测试和功能设置。对于不能与计算机直接连接的模块,使用 AT 指令时需要使用 USB 转 TTL 模块将测试模块与计算机连接,然后使用配套上位机软件或普通的串口调试软件发送 AT 指令即可。

　　将 USB 转串口模块与 WiFi 模块按照图 3.9.14 正确连线,模块的 VCC、TXD、RXD、GND 分别与 USB 串口模块的 3.3V、RXD、TXD、GND 对应相接,注意,TXD 和 RXD 需要交叉,即 TXD 接 RXD,RXD 接 TXD。USB 端与计算机连接前,需要安装好 USB-TTL 模块对应的驱动 CH340,不同操作系统可能有差异。驱动安装好后接上 USB 端,此时打开计算机设备管理器,查询到对应的端口号,如图 3.9.14 所示。注意,不同计算机该端口号不一样,记住该端口号,后面软件部分要用到。

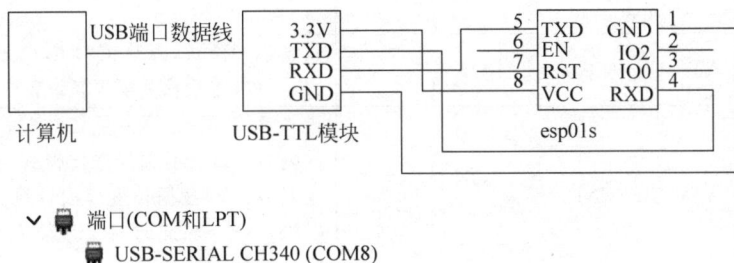

图 3.9.14　USB 转串口连接示意图

　　硬件连接正确后,WiFi 模块上面指示灯会常亮,如果指示灯不亮,则检查连线是否有误。打开串口调试软件,选择端口为上面设备管理器里分配的端口号,波特率可先选择到 115200(默认),校验位无,停止位 1,发送和接收都为文本模式,不勾选 HEX 发送、显示,勾选回车换行选项,打开串口,测试以下 AT 指令。

　　2) AT 指令测试

　　实验 3.7 中介绍了 WiFi 模块作为热点的连接方式,这里要连接物联网平台,就需要 WiFi 模块能够连接到互联网上,因此这里介绍 WiFi 模块的另外一种连接方式。其主要原理就是 WiFi 模块连接到一个能够访问互联网的无线路由器或无线热点上,然后通过 WiFi 模块向物联网平台按照数据通信协议发送数据,这样数据就能够发送到物联网平台,手机端或者计算机端就能够通过访问物联网平台看到设备的信息。

　　发送下一个数据时,间隔 10s 以上,在确保连接没有断开时,重复表 3.9.2 中序号 8、9 步骤,可不断修改序号 9 中 LED 状态值。如果连接断开,则可从头开始重复 1~9 指令。

表 3.9.2　WiFi 模块联网 AT 指令和说明

序　号	发送 AT 指令	返回信息	说　明
1	AT	OK	模块连接通信正常,如无则返回可选择波特率为 9600,或检查回车换行选项是否勾选后继续测试

续表

序　　号	发送 AT 指令	返回信息	说　　明
2	AT+CWMODE=3	OK	WiFi 工作在 STA+AP 模式
3	AT+RST	OK	重启生效
4	AT + CWJAP = "WIFI 名称","密码"	OK	连接到附近无线路由器或手机临时开的热点,修改时英文双引号不能少。该设置后会自动保存,下次会自动连接
5	AT + CIPSTART = "TCP","tcp. lewei50. com",9960	CONNECT OK	与物联网服务器建立 TCP 连接
6	AT+CIPMODE=1	OK	设置透传模式,默认值为 0,设置不保存,因此每次连接后需要重新设置一次
7	AT+CIPSEND	OK >	进入透传开始发送数据,">"后为要发送的内容;如果不选择透传模式,则必须每次对发送的数据长度提前计算,如 AT+CIPSEND=4,此时每次只能发送 4 个字节的数据,熟练后可以用
8	{"method":"update", "gatewayNo":"01", "userkey":" f1b0c9610e "} &^!	无则返回	01 要根据具体传感器编号设置,用户的 userkey 值到"我的账户→设置个人信息"里查看,这条数据是与服务器进行身份确认
9	{"method":"upload", "data":[{"Name": "LED","Value":"1"}]} &^!	无则返回	这条数据为上传传感器的具体测量值,LED 为传感器标识,1 为具体数值,测试时可以不断改变

4. 单片机控制

按照图 3.9.15 连接光敏电阻、WiFi 模块、单片机,将实验内容 2 中的 AT 指令通过单片机进行自动发送,LED 灯的状态也实现自动发送,就可以实现一个简单的物联网系统。光敏电阻通过测量光照情况,控制 LED 灯的亮和灭,这个状态通过 WiFi 模块将 0 和 1 的状态上传到物联网服务器,远程就可以随时查看灯的检测情况。也可以实现远程开灯、关灯等操作。

实验参考程序

```
# include < reg52. h >
# include < string. h >
# include < intrins. h >
# define uint unsigned int
# define uchar unsigned char
ucharbuftemp,countnumber;
char ReceiveData[4];              //WiFi 模块返回值
```

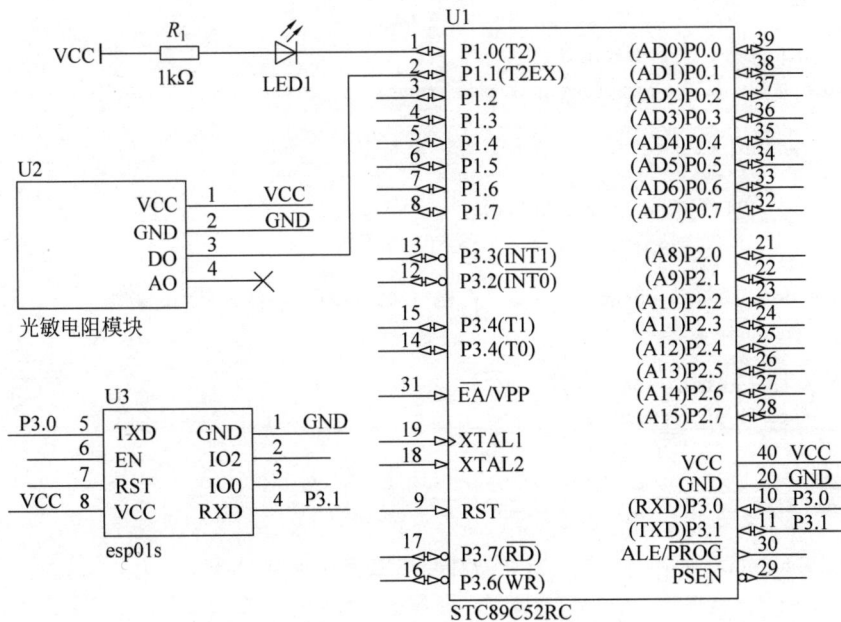

图 3.9.15　模块与单片机连接图

```
uchar code esp_at[ ] = "AT\r\n";        //握手连接指令,返回"OK"
uchar code esp_cwmode[ ] = "AT + CWMODE = 3\r\n";
uchar code esp_reset[ ] = "AT + RST\r\n";
uchar code esp_cwjap[ ] = "AT + CWJAP = \"WHJiPhone\",\"12345678\"\r\n";
uchar code esp_ciptcp[ ] = "AT + CIPSTART = \"TCP\",\"tcp.lewei50.com\",9960\r\n";
uchar code esp_cipmode[ ] = "AT + CIPMODE = 1\r\n";
uchar code esp_cipsend[ ] = "AT + CIPSEND\r\n";
sbit LED1 = P1^0;
sbit key1 = P1^1;
void InitUART()
{
    TMOD = 0x20;                    //定时器 1 工作在方式 2,8 位自动重装
    SCON = 0x50;                    //串口 1 工作在方式 1,10 位异步收发 REN = 1 允许接收
    TH1 = 0xFD;                     //定时器 1 初值
    TL1 = TH1;
    TR1 = 1;                        //定时器 1 开始计数
    EA = 1;                         //开总中断
    ES = 1;                         //开串口 1 中断
}
/* 串口 1 发送一个字符 */
void UART1_Send_Byte(unsigned char dat)
{
    SBUF = dat;                     //把数据放到 SBUF 中
    ES = 0;                         //关串口 1 中断
    while (!TI );                   //未发送完毕就等待
    TI = 0;                         //发送完毕后,要把 TI 重新置 0
```

```
        ES = 1;                          //开串口 1 中断
    }
/ * 串口 1 发送一个字符串 * /
void UART1_Send_String(unsigned char * buf)
{
    while ( * buf != '\0')
    {
        UART1_Send_Byte( * buf++);
    }
}
void delay(unsigned int m)           //@11.0592MHz 带参数延迟 1ms 函数
{
    int a, b;
    for(a = 0;a < 100;a++)
    for(b = 0;b < m;b++);
}


void WiFi_Init()
{
    while(1)                         //握手连接指令,返回"OK"
    {
        UART1_Send_String(esp_at);
        delay(500);
        if(strstr(ReceiveData,"OK")) //判断 WiFi 模块返回的数组 ReceiveData 中是
                                     //否包含 OK
        {
            break;
        }
    }
        memset(ReceiveData,0,4);     //将数组清零
        delay(100);
    while(1)
    {
        UART1_Send_String(esp_cwmode);
        delay(100);
        if(strstr(ReceiveData,"OK"))
        {
            break;
        }
    }
    UART1_Send_String(esp_reset);    //重启生效
    memset(ReceiveData,0,4);
    delay(500);
    while(1)
    {
        UART1_Send_String(esp_cwjap);
        delay(2000);                 //延迟 2s
        if(strstr(ReceiveData,"OK"))
        {
            break;
        }
```

```
    }
    memset(ReceiveData,0,4);
    delay(1000);
    while(1)
    {
        UART1_Send_String(esp_ciptcp);
        delay(2000);
        if(strstr(ReceiveData,"OK"))
        {
            break;
        }
    }
    memset(ReceiveData,0,4);
    delay(1000);
    while(1)
    {
        UART1_Send_String(esp_cipmode);
        delay(2000);
        if(strstr(ReceiveData,"OK"))
        {
            break;
        }
    }
    memset(ReceiveData,0,4);
    delay(2000);
    UART1_Send_String(esp_cipsend);
}
void main()
{
    delay(3000);
    InitUART();
    WiFi_Init();
    key1 = 1;
    while(1)
    {
        if(key1 == 0)              //有光照
        {
            LED1 = 0;              //亮
            UART1_Send_String("{\"method\":\"update\",\"gatewayNo\":\"01\",\"
userkey\":\"f1b0c9610e\"}&^!\r\n");
            delay(2000);
            UART1_Send_String("{\"method\":\"upload\",\"data\":[{\"Name\":\"LED
\",\"Value\":\"1\"}]}&^!\r\n");
            delay(2000);
            delay(12000);
        }
        else                        //无光照
        {
            LED1 = 1;              //灭
            UART1_Send_String("{\"method\":\"update\",\"gatewayNo\":\"01\",\"
userkey\":\"f1b0c9610e\"}&^!\r\n");
            delay(2000);
```

```
                UART1_Send_String("{\"method\":\"upload\",\"data\":[{\"Name\":\"LED
\",\"Value\":\"0\"}]}&^!\r\n");
                delay(2000);
                delay(12000);          //延迟 12s
        }
    }
}
/ ************ 串行口 1 WiFi 中断处理函数 ************* /
void UART_1Interrupt(void) interrupt 4
{
    if(RI)
    {
        RI = 0;
        buftemp = SBUF;
         * (ReceiveData + countnumber) = buftemp;
        countnumber++;
        if (countnumber > 3)
        {
            countnumber = 0;
        }
    }
    if(TI)
    {
        TI = 0;
    }
}
```

【数据与结果】

注意,WiFi 模块烧录固件库后默认波特率为 115200,向服务器上传数据的时间间隔大于 10s。

【思考题】

(1) 物联网的工作流程是什么?

(2) 尝试自己搭建物联网平台。

实验 3.10　单片机-热敏电阻-物联网-云服务

【实验目的】

(1) 理解单片机工作的基本原理。

(2) 掌握热敏电阻的工作特性和电路。

(3) 通过单片机、热敏电阻制作温度计。

【实验原理】

1. 单片机工作的基本原理

单片机种类丰富,有经典的 51 系列、STC 系列、STM32、MSP430、Arduino,有带 WiFi、蓝牙功能的 ESP8266、ESP32,以及专用的语音识别、图像识别等功能的单片机,使用方面各有特色,可根据实际选择。本实验中选择比较经典的 51 系列单片机,采用 C 语言编程,可以将 C 语言课程与单片机技术或单片机原理及光电检测技术等相关课程联系起来。单片机原理在专门的课程里有介绍,对于没有学过单片机的,可以自学相关内容,本实验只强调如何使用单片机来进行光电检测的控制。单片机在工作时通过控制每个引脚的电平来操控外部设备,单片机芯片如图 3.10.1 所示。一般情况下,引脚的电平只有高电平 1 和低电平 0 两种状态。标准 TTL 输入高电平最小 2V,输出高电平最小 2.4V,典型值 3.4V;输入低电平最大 0.8V,输出低电平最大 0.4V,典型值 0.2V。编程序时通过设置相应引脚的值为 1 或 0,即可指定该引脚的电平高低,从而控制外部设备。由于单片机本身输出电流有限,对于大电流驱动的设备,单片机只提供一个控制信号,然后利用继电器或者三极管实现控制。

图 3.10.1　单片机芯片

2. 热敏电阻的工作原理

热敏电阻(thermistor)是材料吸收入射电磁辐射后引起温升使电阻改变的现象,如图 3.10.2 所示。热敏电阻在一定温度下有一定的电阻,当它吸收电磁辐射后引起温度升高,测出温度升高引起的电阻变化就可以确定所吸收的电磁辐射能量。热敏电阻特点如下:①温度系数大,灵敏度高,热敏电阻的温度系数常比一般金属电阻大 10～100 倍;②结构简单,体积小,可以测量近似几何点的温度;③电阻率高,热惯性小,适宜做动态测量;④阻值与温度的变化关系呈非线性;⑤稳定性和互换性较差。

对于金属材料,自由电子密度很大,外界光作用引起的自由电子密度相对变化

图 3.10.2　热敏电阻

可忽略不计。吸收电磁辐射以后,使晶格振动加剧,妨碍了自由电子作定向运动。因此,当电磁辐射作用于金属元件使其温度升高,其电阻值略有增加,也即由金属材料制作的热敏电阻具有正温度特性,而由半导体材料制成的热敏电阻具有负温度特性。

3. 电阻-温度特性

如图 3.10.3 所示为半导体材料和金属材料(白金)的电阻-温度特性曲线。白金的电阻温度系数为正值,大约为 $0.37℃^{-1}$;半导体材料热敏电阻的温度系数为负值,大约为$-6\sim-3℃^{-1}$,约为白金的 10 倍以上。所以在温度不高时,热敏电阻探测器常用半导体材料制作而很少采用贵重的金属。

电阻-温度特性是指光敏电阻阻值与电阻之间的关系曲线,由热敏材料决定。通常用温度系数 α_T 来表征,α_T 定义为

$$\alpha_T = \frac{1}{R_T}\frac{\mathrm{d}R_T}{\mathrm{d}T} \tag{3.10.1}$$

其中,T 为热力学温度;R_T 为对应于温度 T 时的热敏电阻的阻值。α_T 与材料和温度有关,单位为 K^{-1}。对于大多数金属材料,其电阻温度系数为正值,其值为 10^{-3} 量级,且 $\alpha_T \approx 1/T$;对于大多数半导体材料,其电阻温度系数为负值,其值为 10^{-3} 量级,且 $\alpha_T \approx -3\times10^3/T$。

4. 热敏电阻典型电路

热敏电阻应用的简单电路如图 3.10.4 所示,已知热敏电阻温度系数 α_T 后,当热敏电阻接受入射辐射后,引起温度变化为 ΔT,在温度变化不大时,其阻值变化为

$$\Delta R_T = \alpha_T R_T \Delta T \tag{3.10.2}$$

在图 3.10.4 中,可以得出 $V_o = \frac{V_{CC}}{R_T+R_1}R_T$,这里 R_1 是已知的,可以根据实物热敏电阻设定 R_1 阻值为 $10\mathrm{k}\Omega$,从而得知 R_T 两端的电压为 $R_T = \frac{V_o}{V_{CC}-V_o}R_1$。而 V_o 用单片机模数转换可以得出,再根据热敏电阻的特性,可以转换成温度值。下面介绍一下温度计算的方法。

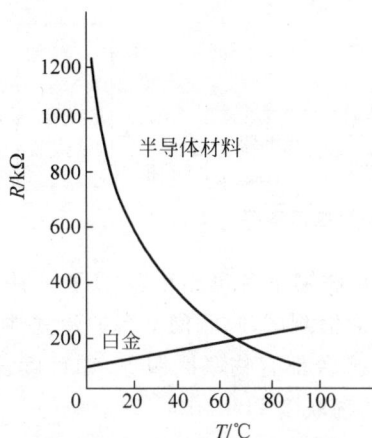

图 3.10.3　电阻-温度特性曲线　　　图 3.10.4　热敏电阻典型工作电路

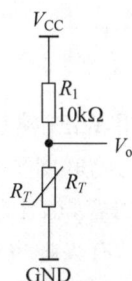

在 C 语言中,NTC 热敏电阻温度计算的经验公式为

$$R_T = R_P * \exp[B * (1/T_1 - 1/T_2)] \tag{3.10.3}$$

其中,T_1 和 T_2 的单位是 K,即开尔文温度;R_T 是热敏电阻在 T_1 温度下的阻值;R_P 是热敏电阻在 T_2 常温下的标称阻值,本实验所用的热敏电阻在 25℃的阻值为 10kΩ,即 $R_P = 10\text{k}\Omega$,$T_2 = 273.15 + 25(\text{K})$;$B$ 值是热敏电阻的重要参数,本次实验用到的热敏电阻型号取值为 $B = 3435$。

通过转换可以得到温度 T_1 与电阻 R_T 的关系为 $T_1 = 1/[\ln(R_T/R_P)/B + 1/T_2]$,对应的摄氏温度 $T = T_1 - 273.15 + 0.5$,其中 0.5 为误差矫正值。

5. 物联网通信

物联网技术是让所有物体都能连上网络,相较于之前联网设备主要是计算机、手机等电子产品,现在利用高速网络,便捷的联网模块,可以使任何想要联网的物体都能方便连上网络,从而实现远程监测、控制、定位、自动报警、调度指挥、安全防范、远程维保、在线升级等网络服务。

物联网联网设备较多,这里介绍两种容易理解的设备。一个是电话卡,利用现有手机通信的 2G、4G、5G 网络,将装有电话卡的联网模块与需要联网的设备连接,就像给设备配备了一台小型手机,可以实现文本、音频、视频等各种信息传输。另一个是无线网卡,也是将装有无线网卡的模块与设备连接,利用互联网网络实现数据交互。对比可以发现,电话卡模式可以在任何有手机信号的地方都能实现联网,而无线网卡模式必须在有互联网 WiFi 信号的地方使用。

物联网通信的基本模式是需要联网的物体或设备将通信内容通过联网设备发送到第三方网站,需要监测、控制该联网设备的用户,在远程登录该第三方网站,实现远程操作。第三方网站就是物联网平台,控制端可以是手机端和计算机端,如图 3.10.5 所示。

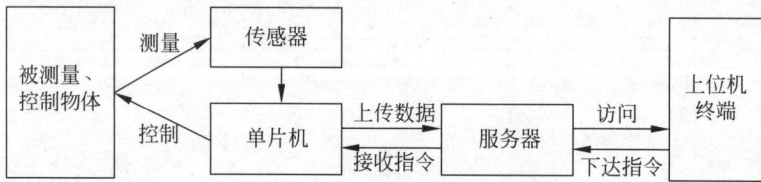

图 3.10.5 物联网通信示意图

本实验用 WiFi 模块进行物联网通信,物联网平台也比较多,实验中用到的测试平台是乐为物联网平台,实验重在物联网通信测试,物联网平台的建立涉及网站建设方面的内容,也比较复杂,现在各大云平台都有物联网服务,如百度云、阿里云、腾讯云等,有兴趣也可以自己建立自己的物联网平台。

【实验仪器】

单片机最小系统、热敏电阻模块、WiFi 模块、面包板、杜邦线、电源、计算机、keil 开发软件。

【实验内容】

1. 物联平台配置

1) 注册物联网平台账号

实验中测试用到的物联网平台网址为 www.lewei50.com,注册测试用户。如果该网站届时不能使用,也可使用其他物联网平台,其使用方法基本一样。

2) 配置服务内容

进入物联服务器配置页,然后进入"我的物联",点击"我的设备",添加新设备,具体配置如图 3.10.6 所示。其中"标识 02"是自动生成,每添加一个设备,该编号自动增加,该编号后面要用来代替这个设备,因此多个设备时要注意区分。类型根据开发环境选择,这里选"Other"无影响。数据上传频率根据实际需要设置,小于该时间间隔通信是无效的,但是也不能太小,网络传输存储需要一定的延时,一些实时传输的信息间隔可以很小,但要用专用的服务器。名称根据项目内容设置,不影响使用。"是否可控"选择"是",这样就可以实现远程控制设备。API 地址是自动生成的,这个就是 WiFi 模块发送数据的链接地址,非常重要。"公网访问"勾上,这样可以随时随地查看数据。

第二步设置具体通信时数据的格式,如图 3.10.7 所示。"标识"自定义,这个参数非常重要后面会用到,类型可选择"温度监控"。"单位"根据实际设置,"设备"从设备列表中选择"温度检测"。"名称"自定义,可以与设备名一致。"正常值范围"根据实际设置,这里范围设置成"−50～50",其他数据会认为是错误数据。"发送间隔"会自动调用前面设置,最后保存设置。

图 3.10.6　物联网平台配置说明

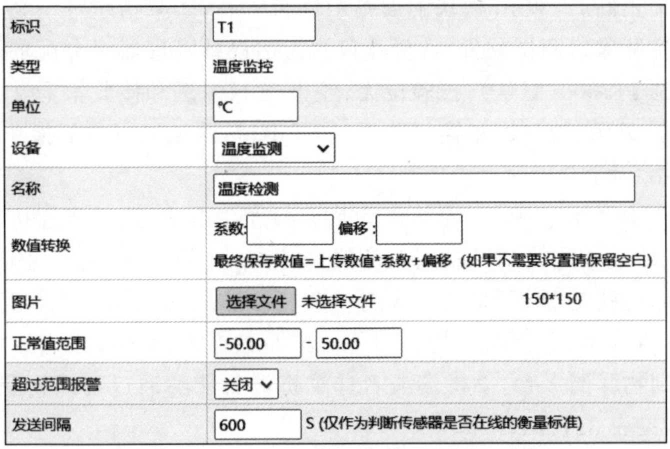

图 3.10.7　物联网平台通信格式设置

2. AT 指令测试

1）WiFi 模块连接

WiFi 模块使用前,要对模块进行一些简单的配置,包括通信速率、联网方式、WiFi 网络名、密码等。这个配置过程可以先在计算机端提前配置好,方便使用,等使用熟练后,也可以在单片机端进行相应配置。对于一些集成化的模块,一般都会提供一些 AT 指令,方便直接用计算机连接进行初步测试和功能设置。对于不能与计算机直接连接的模块,使用 AT 指令时需要使用 USB 转 TTL 模块将测试模块与计算机连接,然后使用配套上位机软件或普通的串口调试软件发送 AT 指令即可。

将 USB 转串口模块与 WiFi 模块按照图 3.10.8 正确连线,模块的 VCC、TXD、RXD、GND 分别与 USB 串口模块的 3.3V、RXD、TXD、GND 对应相接。注意,TXD 和 RXD 需要交叉,即 TXD 接 RXD,RXD 接 TXD。USB 端与计算机连接前,需要安装好 USB-TTL 模块对应的驱动 CH340,不同操作系统可能有差异。

驱动安装好后接上 USB 端,此时打开计算机设备管理器,查询到对应的端口号,如图 3.10.8 所示,注意,不同计算机该端口号不一样,记住该端口号,后面软件部分要用到。

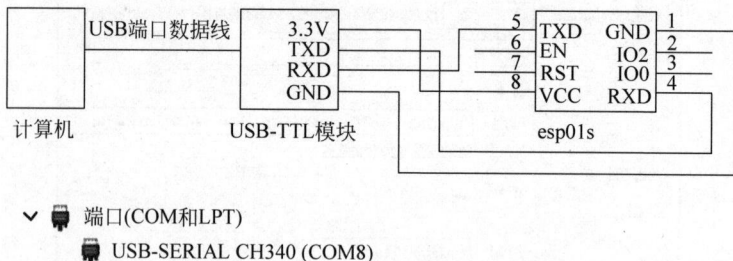

端口(COM和LPT)
USB-SERIAL CH340 (COM8)

图 3.10.8　USB 转串口连接示意图

硬件连接正确后,WiFi 模块上面指示灯会常亮,如果指示灯不亮,则检查连线是否有误。打开串口调试软件,选择端口为上面设备管理器里分配的端口号,波特率可先选择到 115200(默认),校验位无,停止位 1,发送和接收都为文本模式,不勾选 HEX 发送、显示,勾选回车换行选项,打开串口,测试以下 AT 指令。

2) AT 指令测试

实验 3.7 中介绍了 WiFi 模块作为热点的连接方式,这里要连接物联网平台,需要 WiFi 模块能够连接到互联网上,因此这里介绍 WiFi 模块的另外一种连接方式。其主要原理就是 WiFi 模块连接到一个能够访问互联网的无线路由器或无线热点上,然后通过 WiFi 模块向物联网平台按照数据通信协议发送数据,这样数据就能够发送到物联网平台,手机端或者计算机端就能够通过访问物联网平台看到设备的信息,见表 3.10.1。

表 3.10.1　AT 测试指令和说明

序号	发送 AT 指令	返回信息	说　明
1	AT	OK	模块连接通信正常,如无则返回,可选择波特率为 9600,或检查回车换行选项是否勾选后继续测试
2	AT+CWMODE=3	OK	WiFi 工作在 STA+AP 模式
3	AT+CWJAP="WIFI 名称","密码"	OK	连接到附近无线路由器或手机临时开的热点,修改时英文双引号不能少。该设置设置后会自动保存,下次会自动连接
4	AT+CIFSR	返回模块 IP 地址	查询 IP,可以查看连接情况
5	AT+CIPSTART="TCP","tcp.lewei50.com",9960	CONNECT OK	与物联网服务器建立 TCP 连接

续表

序号	发送 AT 指令	返回信息	说　明
6	AT+CIPMODE＝1	OK	设置透传模式，默认值为 0，设置不保存，因此每次连接后需要重新设置一次
6	AT+CIPSEND	OK ＞	进入透传开始发送数据，"＞"后为要发送的内容。如果不选择透传模式，则必须每次对发送的数据长度提前计算，发 AT＋CIPSEND＝4，此时每次只能发送 4 个字节的数据，熟练后可以用
8	{"method":"update", "gatewayNo": "02", "userkey": " f1b0c9610e "} &.^ !	无返回	01 要根据具体传感器编号设置，用户的 userkey 值到"我的账户→设置个人信息"里查看。这条数据是与服务器进行身份确认
9	{"method": "upload","data": [{"Name":"T1","Value": "33"}]}&.^ !	无返回	这条数据为上传传感器的具体测量值，T1 为传感器标识，33 为具体数值，测试时可以不断改变

发送下一个数据时，间隔 10s 以上，在确保连接没有断开时，重复表 3.10.1 中序号 8、9 步骤。如果连接断开，则可从头开始重复序号 1～9 指令。

网络访问 https://www.lewei50.com/u/g/52964，即可远程查看监控数据（图 3.10.9）。

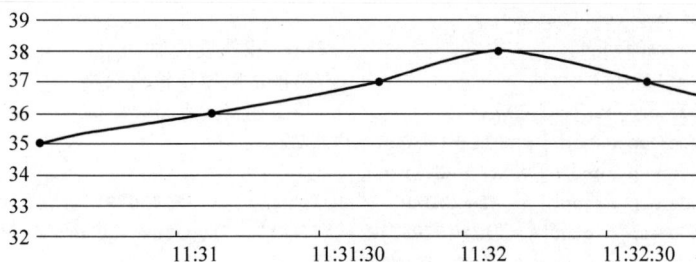

图 3.10.9　网络端远程查看数据

3. 单片机控制

按照图 3.10.10 连接热敏电阻模块、WiFi 模块、单片机，将实验内容 2 中的 AT 指令通过单片机进行自动发送，实时将温度数值上传到物联网服务器，就可以实现一个简单的物联网系统。远程就可以随时查看温度的数值情况。

实验参考程序

```
# include "STC12.h"
# include < intrins.h>
```

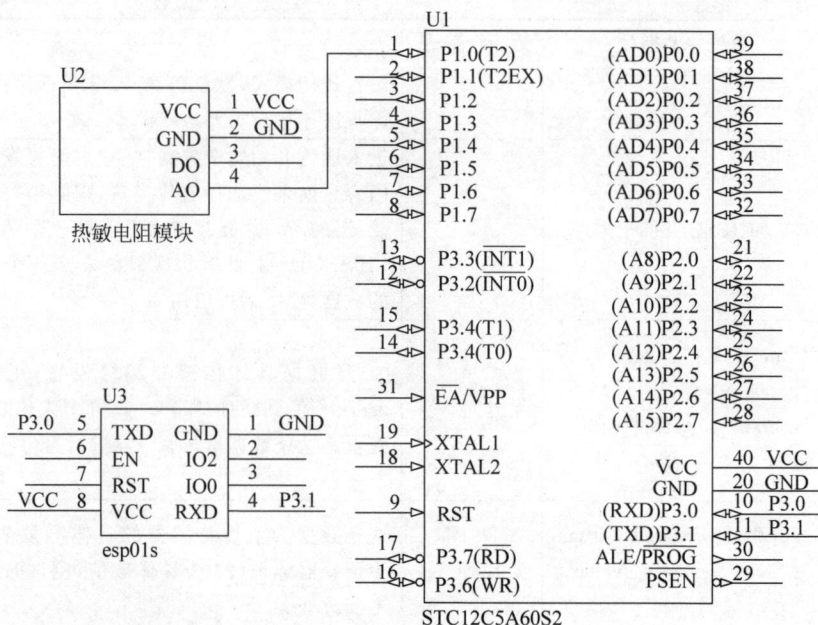

图 3.10.10　模块与单片机连接图

```c
# include < string. h>
# include < math. h>
# include "ADC. h"
# define uint unsigned int
# define uchar unsigned char
uchar buftemp, countnumber;
char ReceiveData[4];                    //WiFi模块返回值
sbit AO = P1^0;                         //热敏电阻模块输出引脚
uchar code esp_at[] = "AT\r\n";         //握手连接指令,返回"OK"
uchar code esp_cwmode[] = "AT + CWMODE = 3\r\n";
uchar code esp_reset[] = "AT + RST\r\n";
uchar code esp_cwjap[] = "AT + CWJAP = \"WHJiPhone\",\"12345678\"\r\n";
uchar code esp_ciptcp[] = "AT + CIPSTART = \"TCP\",\"tcp.lewei50.com\",9960\r\n";
uchar code esp_cipmode[] = "AT + CIPMODE = 1\r\n";
uchar code esp_cipsend[] = "AT + CIPSEND\r\n";
void Delay1000ms()                      //@11.0592MHz,STC12,1s
{
    unsigned char i, j, k;
    i = 43;
    j = 6;
    k = 203;
    do
    {
        do
        {
            while ( -- k);
```

```
        } while ( -- j);
    } while ( -- i);
}
/* 单片机 5V 供电,先求出热敏电阻两端电压 */
float temp_Get_R(unsigned char adct)
{
    float v1 = (float)(adct * 5)/256;      //高八位在 ADC_RES,热敏电阻上的电压
    float v2 = 5 - v1;
    float r = (v1/v2) * 10;                //本实验串联电阻值为 10kΩ
    return r;
}
float Get_Temp(unsigned char t)
{
    float Rp = 10.0;                       //热敏电阻在 25℃ 下电阻 10kΩ
    float T2 = (273.15 + 25.0);            //25℃ 下的 T2
    float Bx = 3435.0;                     //热敏电阻的重要参数 B
    float Ka = 273.15;                     //开尔文温度
    float temp;
    float Rt = temp_Get_R(t);
    temp = Rt/Rp;
    temp = log(temp);                      //ln(Rt/Rp)
    temp = temp/Bx;                        //ln(Rt/Rp)/B
    temp = temp + (1/T2);
    temp = 1/(temp);
    temp = temp - Ka + 0.5;                //0.5 的误差矫正
    return temp;
}
void InitUART()
{
    TMOD = 0x20;                           //定时器 1 工作在方式 2 8 位自动重装
    SCON = 0x50;                //串口 1 工作在方式 1 10 位异步收发 REN = 1 允许接收
    TH1 = 0xFD;                            //定时器 1 初值
    TL1 = TH1;
    TR1 = 1;                               //定时器 1 开始计数
    EA = 1;                                //开总中断
    ES = 1;                                //开串口 1 中断
}
/* 串口 1 发送一个字符 */
void UART1_Send_Byte(unsigned char dat)
{
    SBUF = dat;                            //把数据放到 SBUF 中
    ES = 0;                                //关串口 1 中断
    while (!TI );                          //未发送完毕就等待
    TI = 0;                                //发送完毕后,要把 TI 重新置 0
    ES = 1;                                //开串口 1 中断
}
/* 串口 1 发送一个字符串 */
void UART1_Send_String(unsigned char * buf)
{
    while ( * buf != '\0')
```

```
        {
            UART1_Send_Byte( * buf++);
        }
}
void UART1_Send_int(unsigned char dat)
{
        UART1_Send_Byte(0x30 + dat/10);
        UART1_Send_Byte(0x30 + dat % 10);
}
void WiFi_Init()
{
    while(1)                          //握手连接指令,返回"OK"
    {
        UART1_Send_String(esp_at);
        Delay1000ms();Delay1000ms();   //延迟 4s
        Delay1000ms();Delay1000ms();
        if(strstr(ReceiveData,"OK"))    //判断 WiFi 模块返回的数组 ReceiveData 中
                                        //是否包含 OK
        {
            break;
        }
    }
    memset(ReceiveData,0,4);            //将数组清零
    Delay1000ms();
    while(1)
    {
        UART1_Send_String(esp_cwmode);
        Delay1000ms();Delay1000ms();   //延迟 4s
        Delay1000ms();Delay1000ms();
        if(strstr(ReceiveData,"OK"))
        {
            break;
        }
    }
    memset(ReceiveData,0,4);
    Delay1000ms();Delay1000ms();        //延迟 2s
    while(1)
    {
        UART1_Send_String(esp_cwjap);
        Delay1000ms();Delay1000ms();   //延迟 4s
        Delay1000ms();Delay1000ms();
        if(strstr(ReceiveData,"OK"))
        {
            break;
        }
    }
    memset(ReceiveData,0,4);
    Delay1000ms();
    while(1)
    {
```

```
        UART1_Send_String(esp_ciptcp);
        Delay1000ms();Delay1000ms();Delay1000ms();        //延迟6s
        Delay1000ms();Delay1000ms();Delay1000ms();
        if(strstr(ReceiveData,"OK"))
        {
            break;
        }
    }
    memset(ReceiveData,0,4);
    Delay1000ms();Delay1000ms();                    //延迟2s
    while(1)
    {
        UART1_Send_String(esp_cipmode);
        Delay1000ms();Delay1000ms();                //延迟4s
        Delay1000ms();Delay1000ms();
        if(strstr(ReceiveData,"OK"))
        {
            break;
        }
    }
    memset(ReceiveData,0,4);
    Delay1000ms();
    UART1_Send_String(esp_cipsend);
    Delay1000ms();Delay1000ms();                    //延迟2s
}
void main()
{
    uchar temp1;
    Delay1000ms();Delay1000ms();                    //延迟2s
    InitUART();
    Delay1000ms();
    ADC_Init(ADC_PORT0);
    Delay1000ms();
    WiFi_Init();
    while(1)
    {
        temp1 = Get_Temp(GetADCResult(0));
        UART1_Send_String("{\"method\":\"update\",\"gatewayNo\":\"02\",\"
userkey\":\"f1b0c9610e\"}&^!\r\n");
        Delay1000ms();
        Delay1000ms();
        UART1_Send_String("{\"method\":\"upload\",\"data\":[{\"Name\":\"T1\",\"
Value\":\"");
        UART1_Send_int(temp1);
        UART1_Send_String("\"}]}&^!\r\n");
        Delay1000ms();Delay1000ms();Delay1000ms();Delay1000ms();Delay1000ms();
Delay1000ms();                        //延迟12s
        Delay1000ms();Delay1000ms();Delay1000ms();Delay1000ms();Delay1000ms();
Delay1000ms();
    }
```

```
}
/ * * * * * * * * * * * * 串行口 1 WiFi 中断处理函数 * * * * * * * * * * * * * * /
void UART_1Interrupt(void) interrupt 4
{
    if(RI)
    {
        RI = 0;
        buftemp = SBUF;
         * (ReceiveData + countnumber) = buftemp;
        countnumber++;
        if (countnumber > 3)
        {
            countnumber = 0;
        }
    }
    if(TI)
    {
        TI = 0;
    }
}
```

【数据与结果】

注意,WiFi 模块烧录固件库后默认波特率为 115200,向服务器上传数据的时间间隔大于 10s。

【思考题】

(1) 热敏电阻测温数据上传到云服务器,有什么应用场景?

(2) 尝试自己搭建物联网服务平台。